SCIENCES PHYSIQUES ET NATURELLES

RÉPONDANT AUX PROGRAMMES OFFICIELS DE 1902

GÉOLOGIE

Par F. G.-M.

Étude des phénomènes actuels

PREMIER CYCLE

TOURS

MAISON A. MAME & FILS

IMPRIMEURS-ÉDITEURS

PARIS

Vve CH. POUSSIELGUE

LIBRAIRE, RUE CASSETTE, 15

ET CHEZ LES PRINCIPAUX LIBRAIRES

N. 285 D

GÉOLOGIE

N. 285 ^D

Tout exemplaire qui ne sera pas revêtu des deux signatures
ci-dessous sera réputé contrefait.

Les Éditeurs,

MAISON A. MAME ET FILS

L'administrateur délégué,

COURS DE SCIENCES PHYSIQUES ET NATURELLES

RÉPONDANT AUX PROGRAMMES OFFICIELS DE 1902

GÉOLOGIE

Par F. G.-M.

ÉTUDE DES PHÉNOMÈNES ACTUELS

PREMIER CYCLE

TOURS

MAISON A. MAME ET FILS

IMPRIMEURS-ÉDITEURS

PARIS

Vve CH. POUSSIELGUE

LIBRAIRE, RUE CASSETTE, 15

ET CHEZ LES PRINCIPAUX LIBRAIRES

PROGRAMMES OFFICIELS DU 31 MARS 1902

Quatrième A et cinquième B.

GÉOLOGIE

(Les numéros correspondent aux pages de cet ouvrage.)

Étude des modifications du sol au moyen d'exemples choisis autant que possible dans la région.

Les pluies (p. 21, 61). — Dégradations produites par l'eau en mouvement (p. 26, 28, 31). — Dénudation des montagnes (p. 27). — Rôle protecteur des végétaux (p. 29). — Importance du déboisement (p. 29). — Creusement des vallées (p. 29). — Transport des matériaux par les eaux (p. 34). — Alluvionnements, deltas (p. 33). — Sédiments, leurs caractères (p. 36). — Cailloux, sables, vases argileuses ou calcaires (p. 43). — Transformation des sédiments en terrains stratifiés (p. 44). — Débris d'êtres vivants inclus dans ces terrains (p. 50). — Couches perméables et imperméables : nappes d'eau souterraines (p. 22, 23). — Puits (p. 24), puits artésiens (p. 25), sources (p. 23).

Les neiges persistantes (p. 52). — Formation et mouvements des glaciers (p. 53, 54), moraines (p. 56), blocs erratiques (p. 59), sources glaciaires (p. 59). — Les vents (p. 17). — Transport des poussières et des sables (p. 17). — Dunes (p. 17). — Roches souterraines en fusion (p. 61). — Leur épanchement au travers des terrains sédimentaires (p. 57). — Roches éruptives anciennes et récentes (p. 3 à 9). — Volcans, laves (p. 10, 67, 68).

Sources thermales. Eaux minérales (p. 76, 77). — Émanations gazeuses (p. 80).

Tremblements de terre (p. 62). — Exhaussements et affaissements du sol (p. 64). — Déplacement des lignes de rivage (p. 66).

Les êtres vivants (p. 44). — Tourbes (p. 49). — Récifs et îles madréporiques (p. 46, 48).

GÉOLOGIE

CHAPITRE I

PRÉLIMINAIRES

1. Définition. — Les sciences géologiques, ou l'étude du règne minéral, comprennent : la *Géologie* proprement dite, la *Minéralogie* et la *Paléontologie*.

2. Géologie. — La *Géologie* est l'étude de la structure du globe terrestre ; elle s'occupe de l'origine de la terre, du mode de formation des masses minérales, et de leur ordre de superposition.

3. Minéralogie. — La *Minéralogie* étudie les espèces minérales qui constituent les roches ; elle fait connaître leurs caractères, leur composition chimique, leurs gisements et leurs usages.

4. Paléontologie. — La *Paléontologie* est l'étude des fossiles, c'est-à-dire des animaux et des plantes dont on retrouve les débris ou les traces dans les couches terrestres.

5. Utilité de la Géologie. — Les études géologiques, qui sont le complément de toutes les sciences physiques et naturelles, sont elles-mêmes de la plus grande utilité. L'exploitation des mines leur demande un constant appui ; la recherche des sources, la perforation des puits artésiens, des tunnels, sont confiées aux géologues ; l'agriculture sérieuse a besoin de leurs conseils pour étudier le sol arable et les argiles ou les sables nécessaires pour l'amender. L'his-

torien et le philosophe reconnaissent l'influence de la configuration et de la nature géologique d'un pays sur le caractère, l'industrie et l'architecture des peuples qui l'habitent.
L'homme religieux admire la puissance et la bonté de Dieu,
qui avait créé et embelli la terre pour l'homme, et tout préparé, comme dit l'Écriture, avec nombre, poids et mesure.

6. Nature planétaire de la terre. — La terre est
une planète, de moyenne grandeur, appartenant au système
solaire ; elle ne possède qu'un seul satellite, la Lune.

Notre planète a deux mouvements, l'un *annuel* autour
du Soleil ; l'autre *diurne* sur elle-même.

Sa forme est celle d'un sphéroïde aplati vers les pôles et
renflé à l'équateur ; cette particularité semble prouver sa
fluidité originelle. La surface de la Terre est très variée ; on

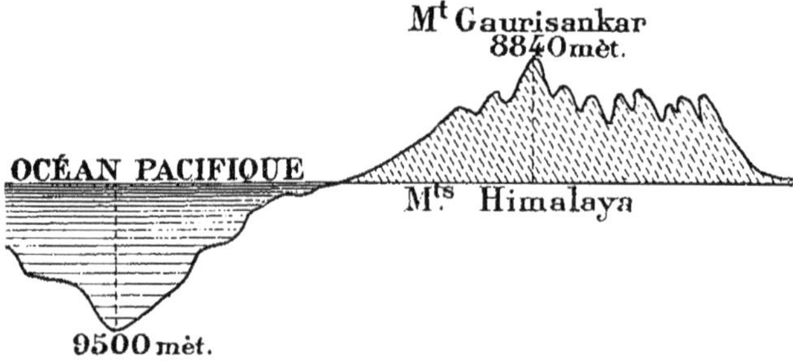

Fig. 1. — Profondeur des mers et hauteur des montagnes.

y trouve des plaines, des vallées, des plateaux, des collines,
des montagnes. Le fond des mers offre les mêmes aspects
que la surface émergée du sol (fig. 1).

On peut considérer trois parties dans le globe terrestre :
l'atmosphère, les terres et les mers.

1° L'*atmosphère* est une enveloppe gazeuse, d'environ
vingt lieues d'épaisseur, qui recouvre la terre de toutes parts.
L'air qui la constitue est formé en grande partie d'un
mélange d'environ 21 parties d'oxygène et de 79 parties
d'azote, mais qui renferme plusieurs autres gaz, tels que
l'hydrogène, le gaz carbonique et de la vapeur d'eau.

2° Les *terres* proprement dites, ou partie solide, occupent environ le $\frac{1}{3}$ de la surface du globe.

3° Les *mers* recouvrent environ les $\frac{2}{3}$ de la surface du globe; leur profondeur moyenne est d'environ 3500 mètres, d'après M. de Humboldt; elle serait représentée par l'épaisseur d'une couche de vernis sur un globe de 1 mètre de diamètre.

Le niveau de la mer sert de point de départ pour mesurer les altitudes terrestres et les profondeurs marines.

7. Température de la terre. — Le globe possède deux températures : l'une, qui lui est propre, augmente à mesure que l'on descend à l'intérieur de la terre ; l'autre, extérieure, très variable, provient du soleil. Les principales causes qui peuvent faire varier cette dernière température sont : les saisons, les latitudes, l'altitude, le voisinage des montagnes, les plaines, la proximité de la mer et les courants marins.

8. Matériaux terrestres. — On appelle *roches* les matériaux constituant l'écorce solide du globe. Les **roches**

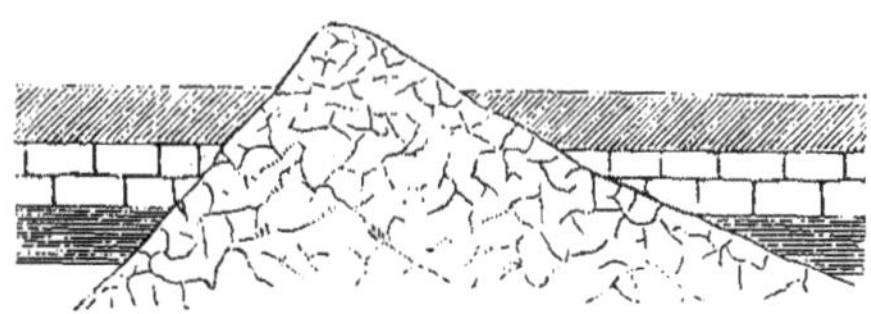

Fig. 2. — Roches éruptives et roches stratifiées.

sont divisées en deux classes : les *roches stratifiées* et les *roches non stratifiées* (fig. 2).

Les *roches stratifiées* sont disposées en couches parallèles, et paraissent généralement s'être déposées au sein des eaux.

Les *roches non stratifiées* se présentent en masses plus ou moins fissurées, mais n'offrant jamais de couches parallèles; elles paraissent avoir été fluides à leur origine.

CHAPITRE II

ROCHES NON STRATIFIÉES

9. Éléments constitutifs des roches non strati-fiées. — Quelques roches sont formées d'un seul élément, mais la plupart résultent de la réunion de diverses substances minérales. Les principaux éléments des roches non stratifiées sont : le quartz, les feldspaths, les micas, le talc, les chlorites, les amphiboles, les pyroxènes.

10. Quartz. — Le *quartz* ou cristal de roche (fig. 3 et 4)

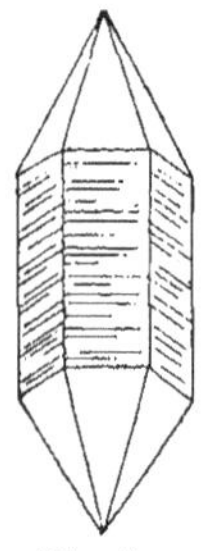

Fig. 3.
Cristal de quartz hyalin.

Fig. 4. — Groupe de cristaux de quartz.

est de la silice, tantôt transparent et limpide lorsque la silice est pure, tantôt opaque et diversement coloré par des oxydes. Le quartz raye le verre et fait feu au briquet ; il cristallise en prismes hexagonaux terminés par une ou deux pyramides hexagonales ; on le trouve dans presque toutes les roches ignées.

11. Feldspaths. — Les *feldspaths* (fig. 5) sont des silicates d'alumine et de potasse ; cette dernière base est quelquefois remplacée par la soude ou la chaux. Ces corps sont blancs ou roses, moins durs que le quartz, dont ils se distinguent encore par leur éclat gras et leur fusibilité au chalumeau en un émail blanc. Leur forme cristalline est un prisme oblique à base rhombe. Les feldspaths sont très répandus dans les roches ignées, et se trouvent à l'état de décomposition dans plusieurs roches sédimentaires.

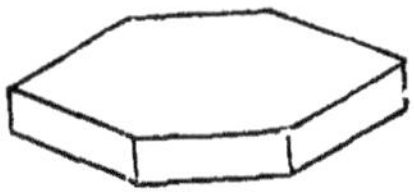

12. Micas. — Les *micas* (fig. 6) sont des silicates d'alumine, de po-

Fig. 6. — Mica cristallisé.

Fig. 5. — Cristal de feldspath orthose.

tasse, d'oxyde de fer et de magnésie. Ces corps lamelleux, divisibles en feuillets minces et élastiques, souvent transparents, sont dorés, argentés, bronzés, rouges, violets, verts, etc.; ils rayent le gypse, mais sont rayés par le carbonate de chaux. Leur forme cristalline la plus ordinaire est un prisme hexagonal très surbaissé. Les micas sont abondants dans la plupart des roches primitives et des roches ignées.

13. Talc. — Le talc est un silicate de magnésie hydraté. Cette substance se présente sous forme de feuillets minces, mous et flexibles, mais non élastiques; sa poussière est douce et onctueuse au toucher; c'est le moins dur de tous les minéraux.

14. Chlorites. — Les *chlorites* sont des substances intermédiaires entre le talc et les micas; elles se présentent ordinairement en masses vertes, feuilletées ou cristallines, flexibles, mais peu élastiques. Les chlorites, très abondantes dans les Alpes, sont des silicates hydratés d'alumine, de fer et de magnésie.

15. Amphiboles. — Les *amphiboles* (fig. 7), qui

peuvent être blanches (trémolite, amiante), vertes (actinote), ou noires (hornblende), sont des silicates de magnésie et de chaux auxquels s'ajoute le fer dans les espèces vertes et noires. L'amphibole entre dans la composition d'un grand nombre de roches.

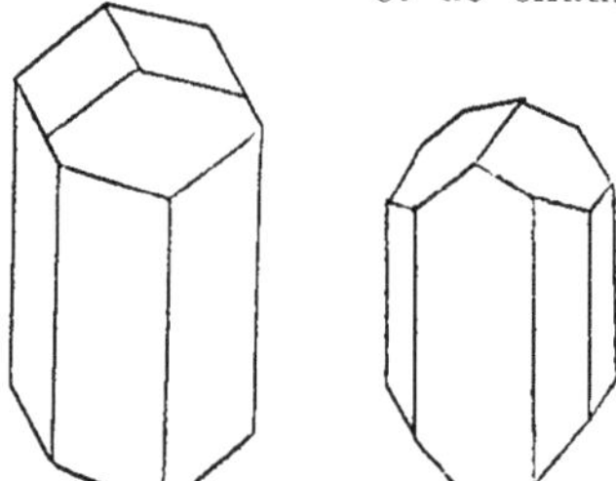

Fig. 7.
Amphibole hornblende.

Fig. 8.
Pyroxène augite.

16. Pyroxènes. — Les *pyroxènes* (fig. 8) sont, comme les amphiboles, des silicates de magnésie et de chaux, de fer ou d'alumine; ils sont blancs, verts, mais surtout noirs; l'*augite* ou pyroxène noir est l'espèce la plus commune.

Outre ces espèces importantes, qui sont les éléments constitutifs de la plupart des roches, on cite encore la topaze, la tourmaline, le grenat, l'épidote, l'amphigène, la magnétite qui entrent comme éléments essentiels de quelques roches.

17. Principales roches non stratifiées. — Les principales roches non stratifiées sont : le *granit*, le *porphyre*, la *serpentine*, les *trachytes*, les *basaltes* et les *laves*.

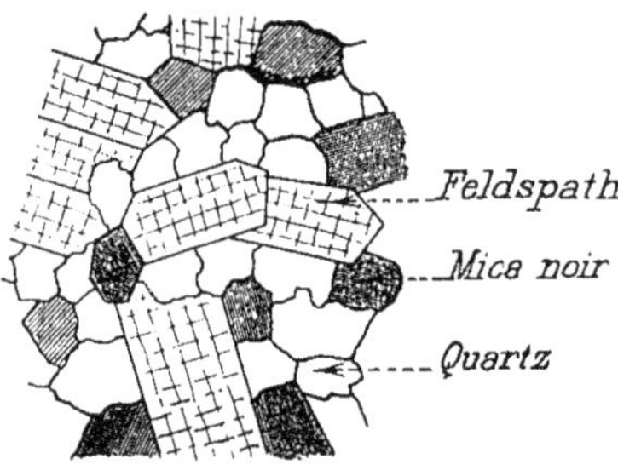

Fig. 9. — Granit.

18. Granit.— Cette roche a une structure grenue qui permet de distinguer à la simple vue les éléments qui la composent (fig. 9).

Ses éléments sont : le quartz, le feldspath et le mica, solidement agrégés et formant une roche très dure. Sui-

vant la grosseur de leurs éléments, on divise les granits
en trois variétés principales : le *granit à grains fins*, le
granit normal, dont les éléments sont de grosseur moyenne,
et le *granit porphyroïde*, remarquable par les grands cristaux de feldspath qu'il renferme.

La *granulite* est une variété de granit à mica blanc et à
grain fin ; sa couleur dominante est le rose chair.

Le granit est la roche cristalline la plus abondante ; on le
trouve en Bretagne, dans le plateau central, dans les Alpes,
dans les Vosges. Il est utilisé pour les trottoirs des rues, les
constructions ; cette pierre, difficile à tailler, s'altère rapidement dans certains cas, tandis qu'elle est très résistante
dans d'autres : les obélisques et quelques autres monu-
ments antiques de l'Égypte ont conservé leur poli et leurs
inscriptions.

Pegmatite. — La *pegmatite* est un granit à gros éléments, dans lequel le mica disparaît ou se présente sur
quelques points en larges lames. Ces roches forment des
filons, des amas dans les granits, mais ne constituent
jamais de puissantes masses.

La *pegmatite graphique*, ordinairement dépourvue de
mica, renferme du quartz dont les lignes brisées imitent
grossièrement les caractères hébraïques.

C'est dans les pegmatites qu'on trouve les grandes plaques
transparentes de mica employées pour remplacer devant les
foyers ou autour des lampes les lames de verre, qui se cas-
seraient ou se fondraient sous l'action de la chaleur.

La décomposition du feld-
spath de ces roches produit
le *kaolin* ou argile à porce-
laine.

19. Gneiss. — Les *gneiss*
(fig. 10) sont des roches formées de quartz, de feldspath
et de mica noir. Ces trois
éléments sont disposés en

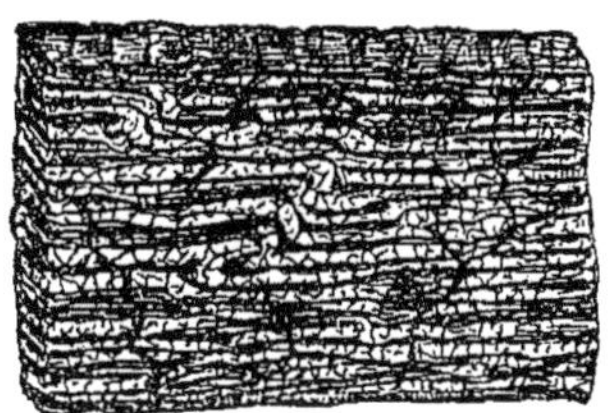

Fig. 10. — Gneiss.

couches parallèles de couleur tranchée, le quartz et le feldspath formant des masses blanchâtres et grenues, séparées par des feuillets abondants de lamelles de mica.

Ces roches se trouvent en nappes tantôt horizontales, tantôt relevées, brisées ou plissées. Le gneiss est fréquemment traversé par des roches éruptives, mais n'en traverse lui-même aucune.

20. Micaschistes. — Les *micaschistes*, qui recouvrent souvent les gneiss, ont la même structure que ces roches, dont ils se distinguent par une plus grande proportion de mica et par l'absence du feldspath, qui domine dans le gneiss.

21. Roches porphyriques. — Le caractère ordinaire des roches porphyriques est d'être formées d'une pâte feldspathique brune, verte ou rougeâtre, renfermant des cristaux de feldspath de couleur claire, tranchant généralement sur le fond de la roche. On peut y trouver des grains de quartz.

Les plus communes sont : le porphyre ordinaire et le porphyre vert antique, très employés par les Romains et les Grecs pour l'ornement de leurs temples ou de leurs palais.

Feldspath en
pâte foncée
Feldspath
en cristaux

Fig. 11. — Porphyre vert antique.

Le porphyre rouge se trouvait sur les bords de la mer Rouge, et le porphyre vert (fig. 11) près de Sparte; ces deux gisements sont aujourd'hui épuisés.

22. Roches serpentineuses. — Ces roches, dont les éléments sont la serpentine, la diallage, et quelquefois le feldspath, sont ordinairement douces au toucher. Quelques espèces sont assez tendres pour être travaillées au tour. La plus importante est la *serpentine*.

Serpentine. — Cette roche compacte, verte, brune,

jaune, quelquefois veinée par des zones de couleurs différentes, est un silicate de magnésie hydraté. Les serpen-
tines de nuances claires et uniformes sont dites *nobles ;* elles
se mélangent, dans les Alpes, avec le calcaire blanc et forment le *marbre vert antique.*

23. Roches trachytiques. — Roches ordinairement
rugueuses et âpres au toucher, formées de feldspath grenu
ou vitreux.

Ces roches, qui jouent un rôle important dans les formations volcaniques anciennes, sont : le *trachyte,* la *domite,*
les *phonolites,* l'*obsidienne,* etc.

Trachyte. — Les *trachytes* sont des masses grenues cel-
luleuses, blanchâtres, grisâtres ou rosées, renfermant souvent de beaux cristaux de feldspath vitreux.

Domite. — Cette roche est un trachyte terreux à grains
faiblement agrégés, formant toute la masse du Puy de
Dôme.

Obsidienne. — L'*obsidienne,* ou verre des volcans, est un
trachyte fondu, noir ou brun, dont l'aspect rappelle celui
des scories vitreuses des hauts fourneaux.

La *ponce* est une obsidienne boursouflée, fibreuse, légère,
grise ou blanche, présentant un éclat vitreux ou soyeux ; on
la trouve abondamment aux îles *Lipari.*

24. Roches basaltiques. — Ces roches, composées de
feldspath labrador et de pyroxène augite, contiennent ordinairement du fer oxydulé, et des grains ou des noyaux de
péridot olivine.

Elles sont lourdes, de couleur noire ou foncée, et ordinairement massives.

La plus connue de ces roches est le *basalte.*

Basaltes. — Les *basaltes* sont des roches noires ou bleuâtres,
riches en aimant, et qui se font remarquer par la puissance
et l'étendue de leurs coulées. Ces coulées ont pris, par le
retrait, au moment de leur solidification, la forme prisma-
tique, que l'on rencontre à Espaly, près le Puy, sur les pla-

teaux basaltiques d'Auvergne, dans les Chaussées des Géants et dans les Colonnades de Staffa (fig. 12), aux îles

Fig. 12. — Colonnes basaltiques de l'île de Staffa (îles Hébrides).

Hébrides. Une couche abondante de scories noires ou brunes recouvre souvent les coulées.

25. Roches laviques. — Ces roches sont les produits des volcans actuels : les unes sont rejetées en fusion, les autres à l'état de matériaux pulvérulents qui peuvent se consolider plus tard.

Laves. — On réserve le nom de *laves* aux masses fondues qui s'écoulent du cratère pendant les éruptions ; leur aspect et leur composition sont très variables. Leurs débris constituent les *scories*, les *lapillis*, les *pouzzolanes*, exploités comme sable dans les pays volcaniques.

Les *bombes volcaniques* sont des fragments de lave boursoufflée, lancés en l'air à l'état de fusion; ces matières s'arrondissent, se refroidissent et retombent sur les flancs de la montagne. L'intérieur de ces bombes renferme souvent des minéraux de nature différente.

Les cendres agglutinées par un ciment quelconque constituent une roche nommée *cinérite*.

Les débris volcaniques, formant pâte avec l'eau, durcissent et deviennent les *tufs volcaniques*.

CHAPITRE III

ROCHES STRATIFIÉES

26. Division. — Presque toutes les roches stratifiées, c'est-à-dire déposées en couches parallèles, peuvent être divisées en *roches calcaires, roches argileuses* et *roches siliceuses*.

27. Roches calcaires. — Les *roches calcaires* sont formées de carbonate de chaux de consistance variable, mais se laissant toujours rayer au couteau.

Tous les calcaires font effervescence lorsqu'on y laisse tomber quelques gouttes d'acide ou même de vinaigre; il se dégage du gaz carbonique, c'est ce même gaz que nous émettons dans la respiration, et que l'on trouve si abondamment dans la plupart des eaux gazeuses.

Le calcaire chauffé fortement laisse dégager son gaz carbonique et devient la *chaux vive,* qui, mêlée avec de l'eau et du sable, sert à faire le mortier (fig. 13). On utilise aussi la chaux dans l'agriculture pour améliorer des sols impropres à la culture parce qu'ils sont trop siliceux ou trop argileux.

On distingue une grande quantité de roches calcaires; les principales sont :

Les *marbres saccharoïdes,* ou cristallins, de Carrare, ainsi nommés parce qu'ils ont l'aspect du sucre ; les marbres de toutes nuances, colorés par des oxydes métalliques ou des dépôts organiques.

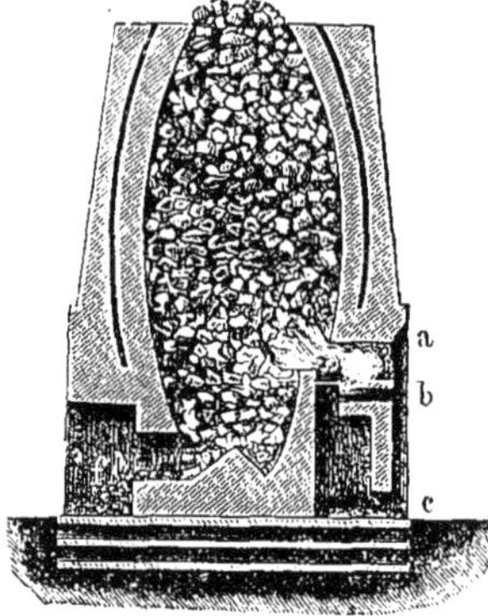

Fig. 13. — Four à chaux.

Les *calcaires lithographiques*, à grains fins, employés pour la lithographie et la gravure.

Les *calcaires oolithiques*, formés de petits grains à couches concentriques ressemblant à des amas d'œufs de poissons.

Les *calcaires marneux*, donnant par la calcination les chaux hydrauliques et les ciments, qui se durcissent plus rapidement que les chaux ordinaires, et peuvent servir aux constructions dans l'eau.

Les *calcaires grossiers* et les *calcaires compacts*, employés pour les constructions.

Les *calcaires à nummulites*, presque entièrement composés de débris de ces foraminifères.

La *craie*, roche blanche, tendre, traçante, formée en grande partie de restes d'animaux souvent microscopiques (fig. 14). Cette roche se trouve abondamment en Champagne, aux environs de Paris, et donne aux falaises du sud de l'Angleterre la couleur blanche qui a valu à cette île le nom d'*Albion*.

28. Roches argileuses. — Les *argiles* sont des masses terreuses, fines, diversement colorées, inattaquables par les acides et happant fortement à la langue. Elles font avec l'eau une pâte liante, facile à travailler, qui se durcit et se contracte par la cuisson.

Les roches argileuses sont des silicates d'alumine hydraté ; les variétés blanches et pures, produites par la décomposition des feldspaths, sont employées sous le nom de *kaolin* à la fabrication des porcelaines ; on les trouve abondamment aux environs de Limoges, en Saxe, en Chine et au Japon. Quelques argiles peuvent donner des briques qui résistent sans se fondre aux plus hautes températures. Ces argiles, assez rares, sont dites *réfractaires*.

Les variétés colorées ou grossières servent à la fabrication des poteries ordinaires, des briques, des tuiles, des tuyaux, etc. Londres, Toulouse et quelques villes du nord

Fig. 14. — Parcelle de craie de Meudon vue au microscope.

de la France sont bâties en briques, parce que dans leurs environs on ne trouve pas de pierres à bâtir.

L'argile *smectique* ou terre à foulon est employée au dégraissage des draps.

On appelle *marnes* un mélange naturel d'argile et de calcaire faisant effervescence avec les acides, mais ne donnant pas une pâte liante comme les argiles ordinaires.

Lorsqu'on expose les marnes à la gelée, elles tombent en poussière; on peut alors les répandre sur les champs qui manquent d'argile ou de calcaire pour les amender et favoriser la végétation; c'est ce qu'on appelle *marner* un champ.

1*

Les *ardoises* sont des schistes argileux feuilletés, noirs ou grisâtres, faciles à séparer en plaques; on les utilise pour couvrir les toits. Quelques schistes argileux, imprégnés de substances bitumineuses, sont distillés pour l'extraction de l'*huile de schiste*, employée dans l'éclairage. En France, ces schistes sont abondants aux environs d'Autun.

29. Roches siliceuses. — Les roches siliceuses, formées en grande partie de quartz plus ou moins pur, sont dures et rudes; elles font feu au briquet.

Les plus connues sont les *silex* (fig. 15), masses compactes, noires ou brunes, qu'on trouve dans la craie.

La *pierre meulière* est creusée de cavités nombreuses qui lui donnent un aspect spongieux; on l'utilise pour les meules de moulins et les constructions.

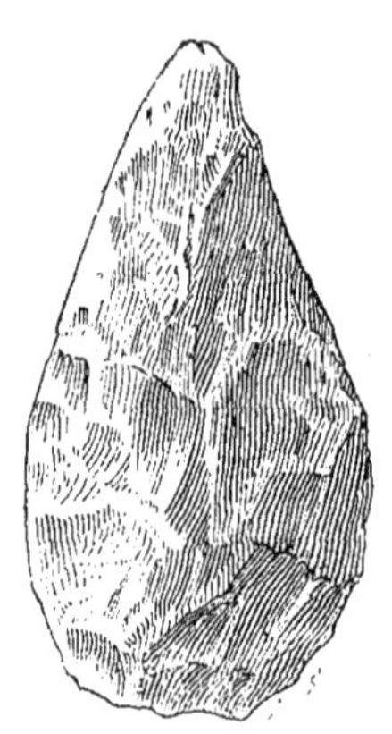

Les *sables* sont formés de débris siliceux ou calcaires, couvrant quelquefois de grandes surfaces. Des eaux chargées de silice, de calcaire, d'oxydes de fer, peuvent consolider les sables et former des *grès* siliceux, calcaires ou ferrugineux, si les grains de sable sont fins.

Fig. 15. — Silex taillé

Les *poudingues* sont des roches composées de petits cailloux arrondis réunis par un ciment, comme les grès; si les cailloux sont anguleux au lieu d'être arrondis, la roche prend le nom de *brèche*.

30. Gypse. — Le *gypse* est un sulfate de chaux contenant de l'eau; on peut le trouver cristallisé en fer de lance (fig. 16) aux environs de Paris; grenu ou compact, c'est l'*albâtre*, facile à travailler. Les variétés moins pures constituent la *pierre à plâtre* ordinaire.

Cette substance très tendre se laisse rayer à l'ongle. Lorsqu'on la chauffe (fig. 17), elle blanchit et perd l'eau qu'elle contenait naturellement. On la pulvérise pour avoir le *plâtre*.

Le plâtre en poudre reprend facilement l'eau qu'il a perdue par la cuisson, et forme une bouillie qui se durcit de

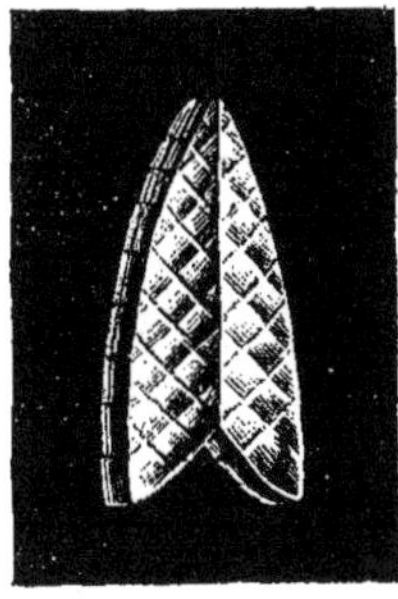

Fig. 16.
Gypse en fer de lance.

Fig. 17. — Four à plâtre.

nouveau en augmentant de volume. Lorsqu'on introduit dans un moule le plâtre délayé, il se dilate et pénètre dans les moindres anfractuosités du moule en se consolidant.

On emploie le plâtre dans les constructions, dans le moulage des statues, et à l'état pulvérulent pour l'amendement des prairies.

31. Sel gemme. — Le *sel gemme* pur est cristallisé en masses blanches et transparentes, mais on le trouve souvent coloré par diverses autres substances (fig. 18). Ce corps a la même composition que le sel marin et sert aux mêmes usages ; c'est un chlorure de sodium souvent mélangé de sulfates de calcium, de magnésium, etc. Les mines de sel de

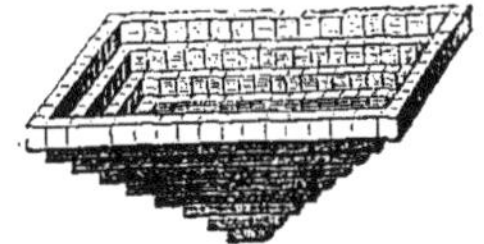

Fig. 18. — Trémie de sel.

Lorraine, de Pologne, de Cardona (Espagne) sont exploitées comme des carrières de roches ordinaires.

32. La terre végétale, sur laquelle croissent les plantes

recouvre presque partout les roches diverses d'une enveloppe d'épaisseur variable. Elle est formée sur place par la décomposition des roches, ou par des débris apportés par les eaux.

33. Théories. — La surface de la terre se modifie sans cesse. Pour expliquer ces changements, la plupart des géologues du commencement du xix⁰ siècle admettaient l'hypothèse des *révolutions* ou bouleversements brusques et violents qui auraient, à diverses époques, anéanti les espèces existantes et transformé ainsi la surface du globe.

La plupart des savants contemporains préfèrent la théorie des *causes actuelles;* ils cherchent avec raison, dans l'étude des causes qui modifient actuellement la surface du globe, l'explication des phénomènes anciens qui ont donné à la terre sa configuration présente.

34. Causes actuelles. — Les agents qui modifient le globe sont *extérieurs* ou *intérieurs*.

Les principaux *agents extérieurs* sont : l'air, les vents, les variations de température, et l'eau, sous ses différents états.

Les *agents intérieurs* sont : les tremblements de terre et les volcans, qui semblent avoir pour cause la chaleur centrale.

L'action des agents extérieurs a pour résultat final un nivellement plus ou moins rapide de la surface du globe. Les agents intérieurs manifestent leur existence par des soulèvements du sol, des affaissements, des bouleversements des couches terrestres. L'action combinée de ces deux puissances semble avoir donné à la terre sa forme actuelle.

Le principe des phénomènes extérieurs est la *chaleur solaire*. Les phénomènes internes sont dus à la *chaleur centrale* qui existe à l'intérieur du globe.

PHÉNOMÈNES ACTUELS

Iʳᵉ SECTION

AGENTS EXTÉRIEURS

CHAPITRE IV

AGENTS ATMOSPHÉRIQUES

35. Air. — L'air peut agir mécaniquement ou chimiquement. Chimiquement il oxyde certains éléments des roches, transforme les feldspaths en argiles, les sulfures en sulfates. Son action mécanique se manifeste surtout par les vents, qui peuvent transporter les matériaux terrestres à de grandes distances, polir les roches, les arrondir.

36. Vents. — Les vents changent à chaque instant l'aspect des terrains sablonneux. C'est ainsi que, dans le désert de Sahara, ils bouleversent les sables fins qui le recouvrent et les transportent quelquefois à plus de 1 000 km. en pleine mer ; des vents transportent aussi des poussières émises par les volcans ; en 427, les cendres du Vésuve sont tombées jusqu'à Constantinople ; celles des volcans de l'Islande ont été recueillies, en 1875, sur les côtes de la Norvège. Ces poussières, lorsqu'elles sont rouges, constituent les *pluies de sang;* celle qui tomba à Lyon, en 1846, renfermait 12 %/₀ d'organismes animaux ou végétaux.

37. Dunes. — L'un des effets les plus remarquables du vent sur le littoral est la formation des *dunes.* On donne ce nom

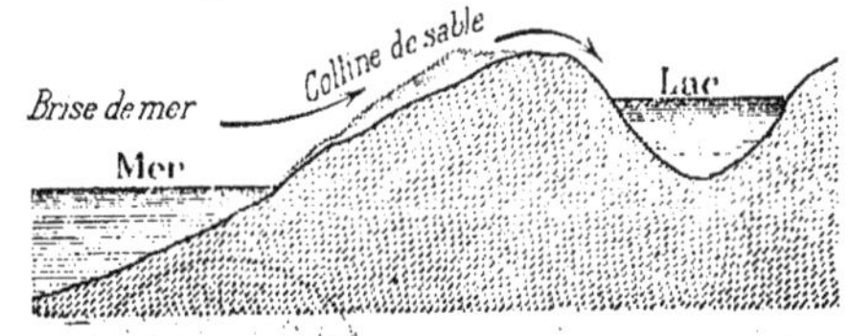

Fig 19. — Formation des dunes.

à de petites collines de sable produites par le vent sur les côtes plates de certaines mers, et qui peuvent atteindre jusqu'à 80 et 100 mètres de hauteur (fig. 19).

La forme des dunes est caractéristique ; elles présentent généralement deux pentes inégales, l'une douce dans la direction du vent dominant, l'autre abrupte du côté opposé. On se rend facilement compte de la formation des dunes en plantant dans le sable fin du rivage une petite planche perpendiculairement à la direction du vent. Le sable sec sera poussé en pente douce vers la planchette, s'élèvera jusqu'au sommet de l'obstacle et retombera en arrière en formant une pente escarpée : on aura ainsi créé une dune en miniature. Toutes les dunes ont eu pour origine un obstacle, rocher, arbre ou habitation, qui s'est opposé à la marche du sable emporté par le vent.

On trouve des dunes sur les côtes basses de la mer du Nord, sur les bords de la Manche, entre Boulogne et le pays de Caux ; mais les plus importantes sont celles qui s'étendent sur les côtes de Gascogne, de la Gironde à l'Adour ; elles ont plus de 200 km. de longueur sur 6 à 8 km. de largeur et jusqu'à 80 m. de hauteur (fig. 20).

Les dunes ont un mouvement qui les pousse du rivage dans l'intérieur des terres, mais leur marche est très irrégulière ; sur le littoral de la Bretagne elle varie depuis 1 à 2 m. par an, jusqu'à 300 ou 400 m. (fig. 21).

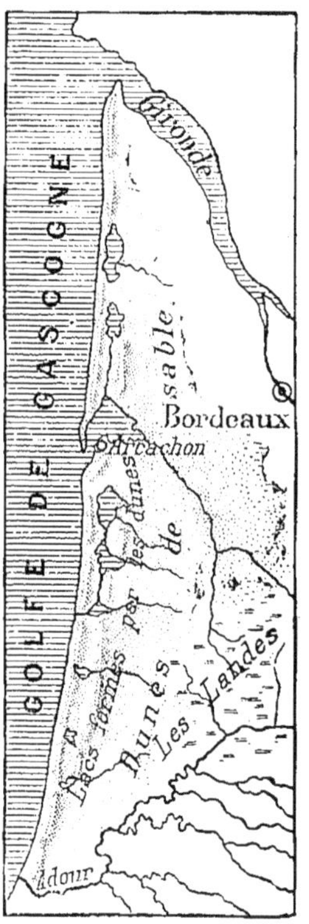

Fig. 20. — Dunes de Gascogne.

On trouve près de Saint-Pol-de-Léon des dunes qui ont parcouru 23 km. en cinquante ans, c est-à-dire environ 500 m. par an ; mais ces vitesses sont exceptionnelles.

Les dunes peuvent quelquefois détourner le cours d'un fleuve : c'est ainsi que l'Adour se jette aujourd'hui à plus de 20 km. au sud de son ancienne embouchure ; de même l'Oxus, qui se jetait autrefois dans la mer Caspienne, verse aujourd'hui ses eaux dans la mer d'Aral. Elles peuvent

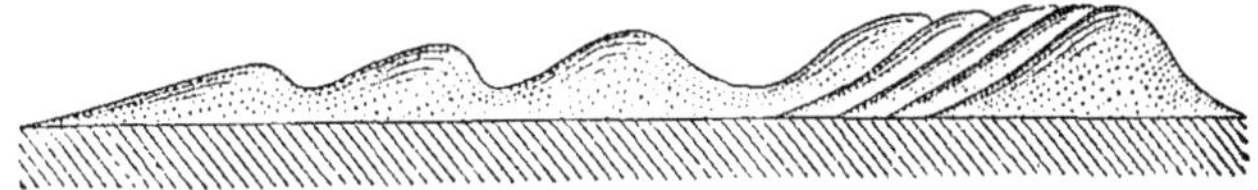

Fig. 21. — Coupe théorique de la marche des dunes.

transformer des golfes en lacs ou en lagunes ; tels sont les étangs de Cazau et de Biscarosse au sud d'Arcachon, que les dunes ont séparés de la mer.

On arrête aujourd'hui les progrès des dunes sur le littoral du golfe de Gascogne par la plantation du pin maritime et du chêne-liège, qui, par leurs racines et les débris de leurs feuilles, fixent la dune, et par leurs branches brisent la force et l'impétuosité du vent. Dans le Nord, on emploie à cet effet des plantes à racines traçantes, telles que le carex des sables, le roseau des sables ou hoyat, etc.

La fixation des dunes de Gascogne, commencée au milieu du XVIIIe siècle par Jean de Ruat, captal de Buch, et entreprise en grand par l'ingénieur Brémontier, a transformé 100000 hectares de sables en magnifiques forêts, d'une valeur de plus de trente millions.

Ces forêts sont exploitées pour l'extraction de la résine, que l'on obtient en faisant des incisions sur l'écorce des pins et recueillant la sève dans de petits vases attachés à l'arbre. L'exploitation des bois donne de riches revenus.

Les sables du Sahara forment, par l'action des vents, des dunes comparables aux dunes marines, envahissant et détruisant les cultures dans le sud de l'Algérie. On arrête leur marche en couvrant le sol de fumier dans lequel on sème de l'orge ; et dans cette orge, on plante des arbres. Les racines de l'orge maintiennent le sol pendant un an, et lorsqu'elles disparaissent, les arbres peuvent résister au vent.

38. Variations de température. — Les effets de la chaleur et du froid se manifestent par des dilatations et des contractions qui désagrègent peu à peu les roches, les arrondissent et finissent par les détruire. Aucune roche ne résiste à l'action combinée des agents atmosphériques. Certaines roches poreuses s'imbibent d'eau pendant les pluies, et, lorsque le froid congèle cette eau, la roche se brise et tombe en fragments au moment du dégel. On donne à ces roches, impropres aux constructions, le nom de *roches gélives*. Une bouteille d'eau bien bouchée, exposée au froid, éclate au moment de la formation de la glace.

39. Talus d'éboulements. — Tous ces agents de destruction, auxquels s'ajoute l'action des eaux, produisent les

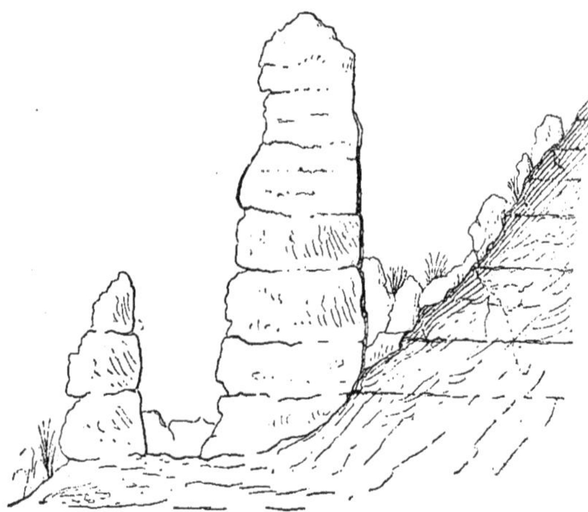

Fig. 22.— Colonnes de pierres formées par l'action des agents atmosphériques, près de Poligny (Jura).

rochers branlants, les *pierres qui virent* et les *talus d'éboulements,* qui s'accumulent au pied des abruptes (fig. 22).

CHAPITRE V

AGENTS AQUEUX LIQUIDES

40. Eau. — L'*eau*, l'agent le plus actif des modifications du sol, se présente sous trois aspects différents :

1° A l'*état gazeux*, elle forme les *brouillards*, les *vapeurs* qui s'élèvent constamment de la terre et des eaux, et les *nuages* formés par ces vapeurs ;

2° A l'*état liquide*, elle tombe en pluie, se transformant en torrents, fleuves, lacs, mers ;

3° A l'*état solide*, elle forme la neige, la grêle, la glace.

41. Partage des eaux. — L'eau des pluies au moment de sa chute se divise en trois parties :

La première est *rendue à l'atmosphère* par l'*évaporation*, ou par la transpiration des plantes qui l'ont absorbée.

La deuxième par *infiltration* pénètre *dans le sol*, et donne naissance aux nappes d'eau souterraines et aux sources.

La troisième forme par *ruissellement* les *eaux courantes* qui deviennent les eaux sauvages, les torrents, etc.

La proportion de chacune de ces parties varie avec la nature du sol, sa pente, sa perméabilité.

42. Évaporation. — Une partie de l'eau tombée sur le sol se réduit en vapeurs, qui remontent dans l'atmosphère pour former les nuages. L'évaporation est d'autant plus considérable que l'air est plus sec, les vents plus violents et la température plus élevée.

Les grands lacs au milieu desquels est bâtie la ville de Mexico reçoivent de nombreuses rivières et n'ont aucun écoulement ; ils ne débordent pas, grâce à l'évaporation rapide des eaux.

Les plantes absorbent aussi par leurs racines et leurs feuilles une quantité d'eau assez considérable, mais elles la rendent par la transpiration. Cette évaporation est si importante, que la destruction des forêts peut changer le climat d'un pays. Quelques parties de la Tunisie, réputées autrefois par leur fraîcheur, sont devenues presque inhabitables de nos jours, par suite de la chaleur et de la sécheresse.

43. Infiltration. — L'eau de pluie pénètre dans le sol, jusqu'à ce qu'elle trouve une couche qui l'arrête.

Les couches terrestres qui se laissent facilement traverser par l'eau sont appelées *perméables* : ce sont les grès, les sables, les graviers, les calcaires fissurés. Cette infiltration est d'ailleurs facilitée par l'état superficiel du sol ; les bois, les tourbières, les prés, les champs cultivés la favorisent, parce qu'ils permettent à la pluie de descendre plus lentement et d'une manière plus divisée jusqu'au niveau du sol.

On donne le nom de couches *imperméables* à celles qui ne se laissent pas pénétrer par l'eau : de ce nombre sont les argiles, les marnes, les roches siliceuses non fissurées.

44. Action délayante des eaux. — En s'infiltrant dans le sol, les eaux produisent parfois des effets désastreux ; elles peuvent causer l'*écroulement* des montagnes, et le *glissement*, tantôt rapide, tantôt lent, des couches marneuses.

En 1248, une partie du mont Granier, à dix kilomètres de Chambéry, glissa et recouvrit cinq paroisses et la petite ville de Saint-André. Ces ruines portent le nom d'Abîmes de Myans.

En 1806, à la suite de grandes pluies, le Rossberg, en Suisse, s'écroula ; une masse de plus de 50 millions de mètres cubes se détacha de la montagne, et couvrit d'argile délayée et de cailloux roulés plusieurs villages importants. Goldau et quelques autres localités furent couverts d'une couche de 30 à 70 mètres de hauteur. Le lac de Lowerz fut en partie comblé, et ses eaux, s'élevant à plus de 20 mètres, dévastèrent les pays d'alentour.

Le village de Wœggis, au pied du mont Righi, fut recouvert, en juillet 1795, d'un fleuve de boue qui descendit pendant quinze jours de la montagne.

Les habitants d'Hubersdorf virent, en 1661, une forêt qui

dominait leur village descendre peu à peu, et s'arrêter après avoir franchi trois kilomètres.

Une partie du mont Goïma, en Vénétie, glissa lentement pendant une nuit jusqu'au fond de la vallée, emportant un village entier ; *les habitants ne s'aperçurent de ce déplacement que le lendemain.*

L'infiltration des eaux se manifeste encore par des *affaissements,* des créations de lacs, de golfes. En 1840, la route de Dijon à Pontarlier s'effondra dans un trou de 50 mètres de profondeur ; en 1225, d'après certains récits, une partie de la Hollande disparut et fut remplacée par le golfe de Zuyderzée. Les lacs formés par des affaissements sont communs en Prusse et en Pologne ; les tourbières de l'Irlande présentent souvent le même phénomène.

Les eaux d'infiltration peuvent encore produire des *cavités souterraines,* soit en dissolvant des matières solubles, soit en agrandissant par leur passage des fentes préexistantes ; la plupart des *cavernes* n'ont pas d'autre origine.

45. Sources. — Les eaux infiltrées à travers les terrains perméables arrivent à des couches imperméables qui s'op-

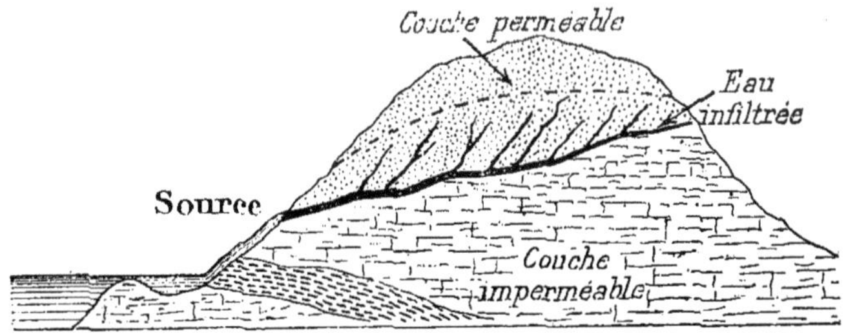

Fig. 23. — Formation d'une source.

posent à leur passage : si le sol est une plaine, les eaux s'étendent sur la couche imperméable et forment une *nappe ;* si l'infiltration a lieu dans un sol accidenté, les eaux suivent les pentes des couches imperméables jusqu'au moment où elles se font jour, et jaillissent en *sources* plus ou moins abondantes (fig. 23).

Le cours des eaux souterraines suit la même loi que celui des eaux qui circulent à ciel ouvert. La connaissance de ce principe et de certains indices tirés du sol ou des plantes

Fig. 24.
Pied fleuri de Jonc.

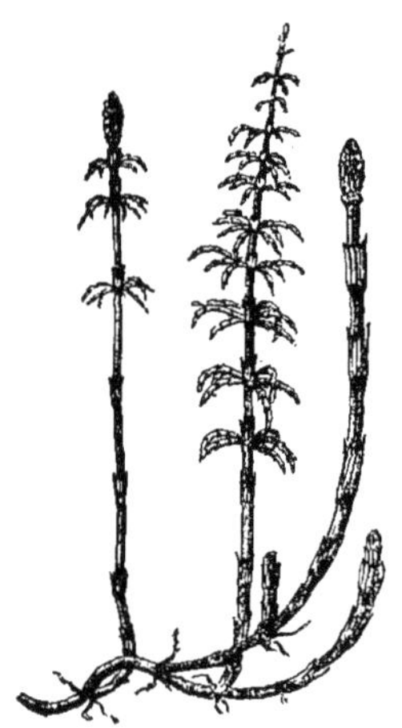

Fig. 25. — Prêle des bois.

qui le couvrent facilite beaucoup la recherche des sources. On les trouve ordinairement dans les vallées, au pied des plateaux et des montagnes; leur présence est signalée par une végétation herbacée vigoureuse et abondante, composée surtout de plantes plus ou moins aquatiques, telles que les carex, les joncs, les prêles (fig. 24, 25), etc.

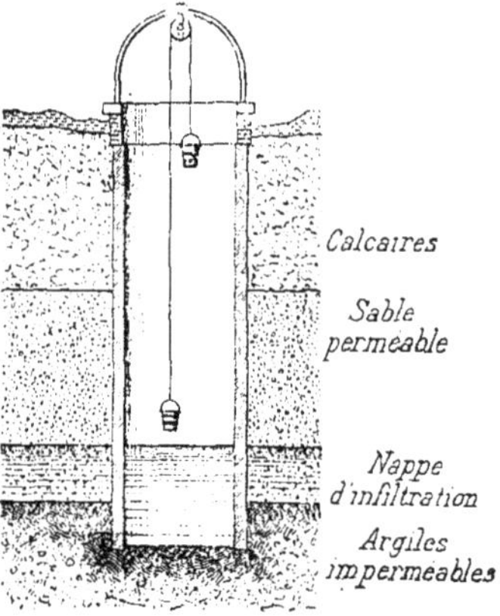

Fig. 26. — Puits.

46. Puits. — Quand on creuse un puits (fig. 26), il faut arriver jusqu'à la nappe d'eau qui repose sur une couche imperméable; l'eau s'élève bientôt dans le puits jusqu'à la hauteur qu'elle occupe dans le sol, et se renouvelle à mesure qu'on la tire avec des seaux ou des pompes. L'eau ne fait que passer dans le puits, elle a un courant déterminé par la pente de la couche imperméable : en effet, si on jette dans l'eau quelques débris légers, on constate qu'ils sont tous entraînés d'un côté qui indique la direction du courant.

La sécheresse ou des pluies abondantes influent sur le débit des sources et des puits.

47. Puits artésiens. — Ces puits (fig. 27), qui tirent leur nom de l'Artois, où ils sont nombreux, reposent sur le principe des vases communiquants; ils sont alimentés par une nappe d'eau, enfermée entre deux couches imper-

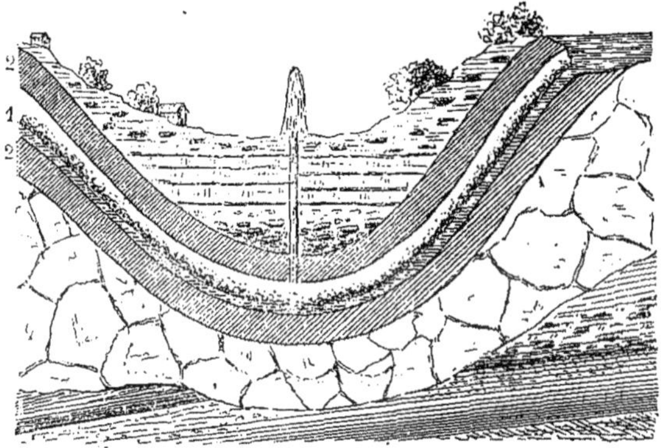

Fig. 27. — Coupe théorique d'un puits artésien montrant une couche perméable (1) entre deux couches imperméables (2, 2).

méables, relevées à leurs extrémités; il suffit de percer la couche supérieure pour obtenir une source jaillissante. Ces nappes d'eau peuvent être en mouvement et former de véritables rivières souterraines entraînant des poissons, des végétaux pris dans les lacs ou les étangs qui les alimentent; leur température est souvent de 25 à 30°.

L'eau du puits de Grenelle, à Paris, est fournie par les pluies qui tombent sur les plaines de la Champagne. Les

forages, exécutés par nos ingénieurs dans le Sahara, ont
transformé parfois en riches oasis des sables arides, brûlés
par le soleil.

48. Sources intermittentes. — Les sources intermittentes ou périodiques (fig. 28) coulent à des intervalles plus
ou moins rapprochés, variables suivant les saisons; elles
présentent la disposition de siphons naturels, qui s'amor-

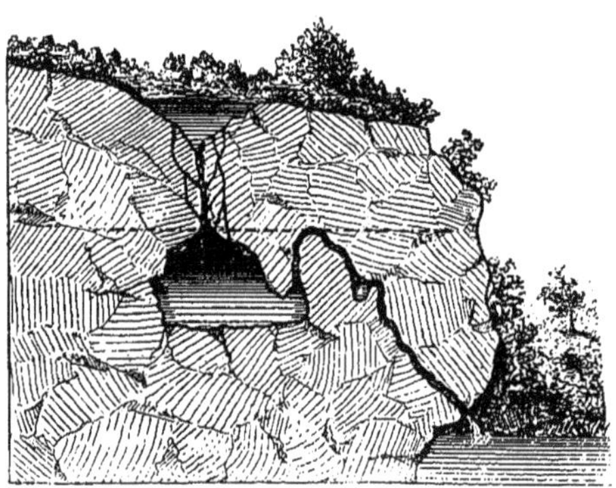

Fig. 28. — Coupe théorique d'une source intermittente.

cent lorsque l'eau du réservoir s'élève au-dessus de la cour-
bure supérieure du siphon.

Le Frais-Puits, à quatre kilomètres au sud-est de Vesoul,
est sec en temps ordinaire; mais, après les grandes pluies, il
verse un véritable fleuve qui submerge les prairies de Vesoul
et fait déborder la Saône par cette subite inondation.

Remarque. — Les terrains calcaires et les terrains volcaniques donnent des sources peu nombreuses, mais très
abondantes; les terrains granitiques, au contraire, donnent
beaucoup de sources, mais elles sont temporaires et d'un
faible débit.

49. Ruissellement. — L'action des eaux de ruissellement se manifeste par des phénomènes d'*érosion* ou de

destruction, et par des phénomènes d'*alluvionnement* ou de *reconstruction*.

La désagrégation des terres et des roches par les agents atmosphériques prépare l'action des eaux. Les terres meubles, les sables sont entraînés, les racines des arbres sont découvertes, les courants qui descendent des montagnes

Fig. 29. — Pyramides de terre produites par les eaux courantes.
(La Mure, Isère.)

découpent quelquefois le sol en pyramides de terre dont le nombre et l'aspect changent constamment : telles sont les pyramides de Bosen (Tyrol), qui ont jusqu'à 30 ou 35 mètres de hauteur; celles de la Mure (Isère) sont moins élevées (fig. 29).

Les cheminées des fées ou pyramides de Saint-Gervais (Savoie) sont surmontées de blocs de pierre qui ont protégé la partie supérieure contre les pluies; un gazon épais produit souvent un effet semblable.

On trouve dans la forêt de Fontainebleau des blocs de

grès arrondis par les pluies, qui ont entraîné les sables, laissant sur le sol les grès plus résistants.

On rencontre quelquefois dans la partie supérieure des eaux courantes des montagnes des sauts brusques, d'une hauteur plus ou moins considérable, appelés *cascades*.

. Ces chutes désagrègent les marnes et font crouler les calcaires supérieurs, mais ont peu d'action sur les roches solides. L'une des plus curieuses est celle de Gavarnie, près du mont Perdu, dans les Pyrénées; elle est formée de douze torrents, qui tombent d'une hauteur de 410 mètres, et donnent naissance au Gave de Pau.

50. Effets des torrents. — Les cours d'eau rapides ont une puissance d'érosion considérable; ils entraînent des blocs, des galets, des sables, et forment en arrivant dans la plaine des cônes de déjection très élevés qui se consolident quelquefois; le torrent coule ordinairement sur la dorsale du dépôt. Il arrive souvent que les matières entraînées sont en si grande abondance, que le cours d'eau devient un torrent de boue dévastant tout sur son passage (fig. 30). L'action érosive des eaux courantes est en rapport avec leur vitesse.

Fig. 30. — Aspect d'un torrent et de son cône de déjections.

Les torrents ont un cours temporaire, qui n'existe qu'après les grands orages ou la fonte des neiges. Lorsque le lit du torrent est à sec, on le trouve couvert de blocs de toutes grosseurs arrondis par le frottement.

On élève parfois des digues pour limiter les désastres des torrents et des rivières; mais les dépôts s'accumulent en si grande abondance, que le niveau du cours d'eau s'élève bientôt au-dessus des plaines voisines; il faut souvent exhausser les digues.

51. Marmites des géants. — On trouve quelquefois sur le bord des torrents des trous en forme de coupes plus ou moins profondes nommées *marmites des géants* (fig. 31), à cause de leur forme. Ces cavités ont été produites par des pierres mises en mouvement par les remous de l'eau; ces pierres ont creusé la roche, d'autres pierres ont continué ce travail d'érosion et la marmite a pris sa forme actuelle. Suivant la nature des roches, ce phénomène est plus ou moins rapide : en moins de vingt ans

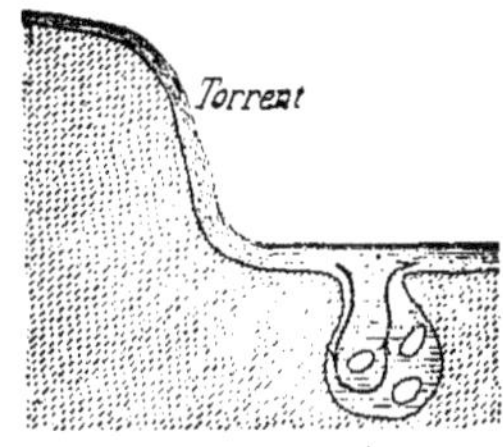

Fig. 31. — Marmite des géants.

il s'est creusé dans les grès, à Fribourg (Suisse)', des marmites de trois mètres de profondeur sur un mètre de diamètre.

52. Inondations. — Les torrents causent souvent des désastres sur leurs rives et dans les plaines qu'ils inondent; ces sinistres ont pour cause principale le déboisement des montagnes. Les arbres fixaient le sol par leurs racines, divisaient les courants d'eau par leurs tiges, absorbaient une quantité d'eau considérable par leurs racines et leurs feuilles, et formaient par leurs débris une couche spongieuse qui protégeait la terre, et laissait l'eau pénétrer peu à peu dans le sol pour alimenter les sources. Lorsque les forêts ont été abattues, tous ces avantages ont cessé.

Les plantes ordinaires et les mousses abondantes dans les bois complètent l'action de la forêt.

Le reboisement des montagnes se fait par les particuliers, les communes et l'État; mais il faudra longtemps pour réparer cette faute du passé.

53. Rivières et fleuves. — Les rivières et les fleuves sont des cours d'eau permanents, alimentés par les torrents, les sources et les glaciers : ils creusent peu à peu le sol de la vallée qu'ils traversent et forment des vallées d'érosion

faciles à reconnaître par la ressemblance des couches qu'on
voit de chaque côté (fig. 32).

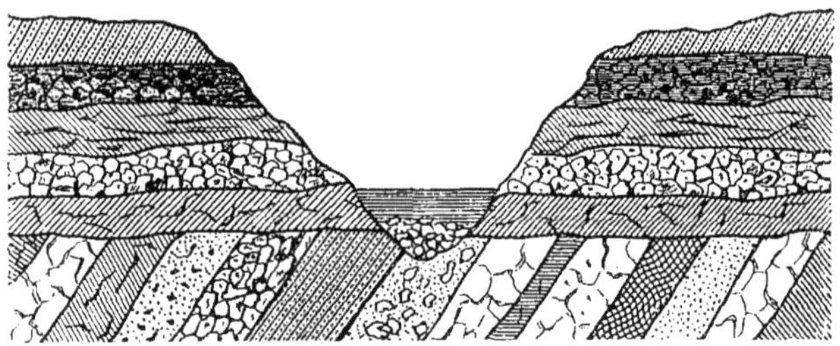

Fig. 32. — Vallée d'érosion.

Les anciens cours d'eau avaient une importance beaucoup plus grande que ceux de nos jours; ils ont abandonné
peu à peu, sur les flancs des vallées, des terrasses de graviers qui montrent leurs retraits successifs (fig. 33).

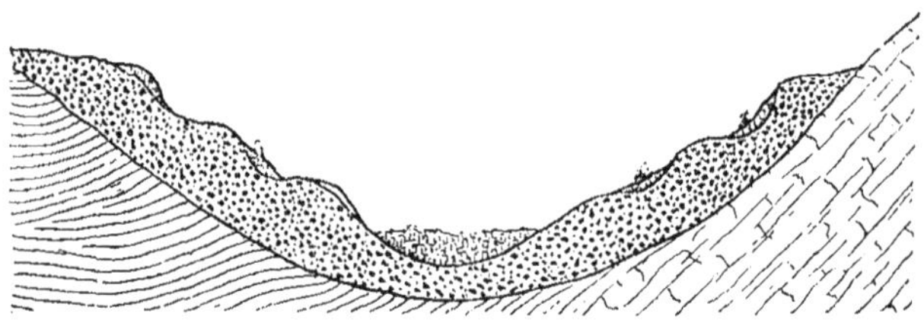

Fig. 33. — Terrasses abandonnées par un cours d'eau.
Coupe en travers d'une vallée du Jura.

Les cours d'eau considérables qui conservent leurs noms
jusqu'à la mer sont appelés *fleuves*. On divise leur cours
en trois parties : supérieure, moyenne et inférieure.

54. 1° Partie supérieure du fleuve. — Source. —
Certains fleuves ont une source modeste, ils commencent
par de petits suintements qui forment peu à peu un ruis-
seau : telle est la source de la Loire. D'autres sont produits

par des glaciers, comme le Rhône et le Rhin; la Sorgue, affluent du Rhône, sort à pleins bords de la majestueuse fontaine de Vaucluse, et le Saint-Laurent est l'écoulement des lacs du Canada.

Cataractes. — Les chutes des torrents et des cours d'eau peu considérables sont des *cascades;* celles des grands fleuves portent le nom de *cataractes;* la plus célèbre cataracte est celle de Niagara, formée par le passage du Saint-Laurent du lac Érié dans le lac Ontario; elle donne 10000 mètres cubes par seconde, et forme une chute d'environ 50 mètres de hauteur.

Le terrain qui sépare les deux lacs se compose d'une couche épaisse d'un calcaire très dur, recouvrant une couche de marnes et de grès tendres, faciles à désagréger. L'eau creuse les marnes, et le calcaire qui les surmonte s'écroule peu à peu, reculant ainsi de jour en jour la cataracte, jusqu'au moment où les deux lacs se réuniront (fig. 34).

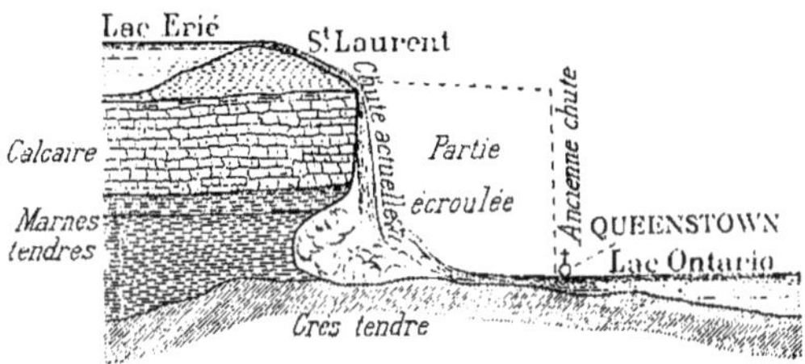

Fig. 34. — Cataracte de Niagara.

Rapides. — Si le changement de niveau n'est pas considérable, et que l'eau coule sur des bancs obliques, on a un *rapide;* tel est le saut du Rhône au-dessus de Lyon.

55. 2° Partie moyenne du fleuve. — Dans cette partie, le cours se ralentit; les sédiments volumineux entraînés jusque-là se déposent et forment des îles que le fleuve remanie souvent; c'est là aussi que commencent les *inondations* produites par les affluents et qui sont proportionnelles à l'étendue des bassins qui les alimentent, et surtout à la pente de leur courant.

Le fleuve modifie fréquemment son cours; il décrit des
sinuosités en divaguant dans la plaine, creuse les courbes
concaves de ses rives, et rejette les débris sur les rives con-
vexes (fig. 35).

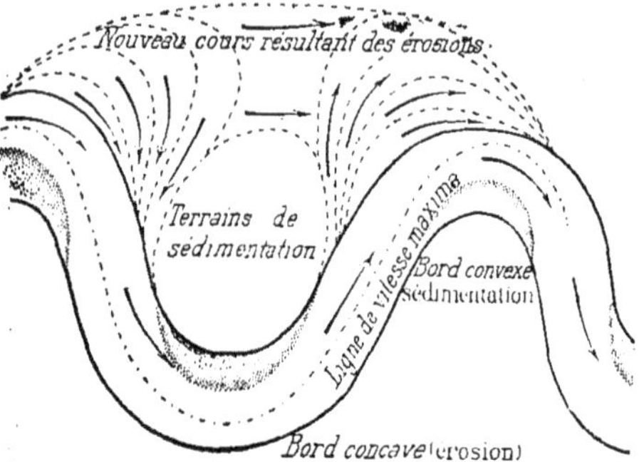

Fig. 35. — Déplacement du cours des rivières
par des érosions et des dépôts successifs.

Pertes. — Un fleuve peut disparaître pendant quelque
temps pour reparaître ensuite; ainsi la Guadiana se perd
dans les plaines spongieuses que les Espagnols appellent le
pont des cent mille bêtes à cornes, et reparaît plus forte
qu'avant sa disparition; la Meuse disparaît sur une longueur
de 10 kilomètres; le Rhône se perd pendant quelque temps
près de Bellegarde (Ain), mais des travaux récents ont
modifié cette perte.

D'autres cours d'eau disparaissent pour toujours dans
les sables ou les graviers.

56. Partie inférieure du fleuve. — Le cours du
fleuve devient presque horizontal, et peut à peine vaincre
la résistance que lui opposent les eaux marines. Les plus
gros sédiments ont été abandonnés dans la partie moyenne,
et les sédiments fins, n'étant plus soutenus par le courant
qui se ralentit, tombent et forment à l'embouchure du fleuve
des dépôts considérables, ordinairement triangulaires, que
l'on nomme *deltas* (fig. 36).

Les plus connus sont ceux du Rhône, du Pô, du Nil, du
Gange, du Mississipi.

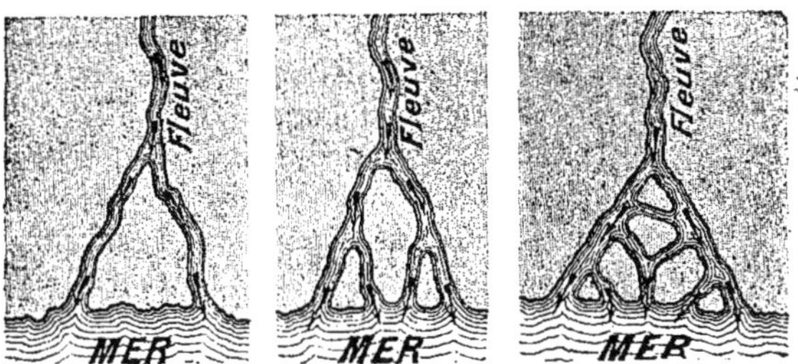

Fig. 36. — Formes théoriques des deltas.

Le delta du Rhône ou la Camargue (fig. 37) est un triangle
d'environ 150 000 hectares de superficie, que l'on divise en
trois parties : au nord, se trouvent les dépôts les plus élevés
et les plus solides; ils forment la zone des terres cultivées;

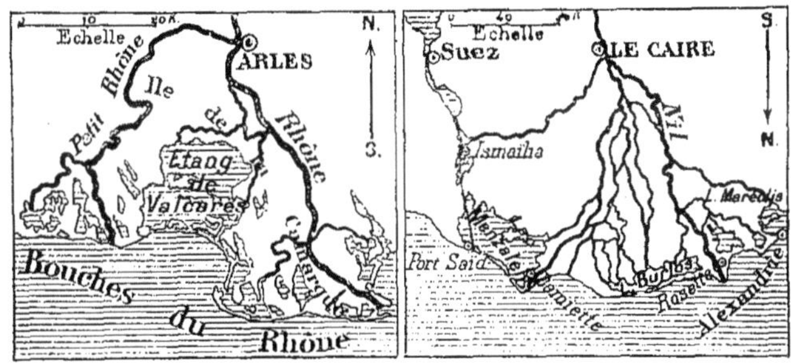

Fig. 37. — Delta du Rhône.   Fig. 38. — Delta du Nil.

la partie moyenne abonde en riches pâturages, mais la
partie sud est encore en voie de formation; elle est recou-
verte d'étangs, de lagunes qui se comblent et se solidifient
peu à peu. Le delta s'agrandit rapidement : Arles, qui, au
IVe siècle, était à 26 km. de la mer, en est aujourd'hui
à 48 km.

Les débordements du Nil couvrent le sol sablonneux de l'Égypte d'une couche de limon qui lui donne sa fertilité; on imite artificiellement ce phénomène par des canaux qui transportent sur des terrains arides les eaux limoneuses des rivières ou des fleuves : c'est le *colmatage*.

Le delta que l'on trouve à l'embouchure du Nil (fig. 38) augmente lentement, parce que ce fleuve, dont le lit s'est exhaussé de deux mètres en 3000 ans, recouvre de ses eaux et de ses limons des espaces plus vastes qu'autrefois; ses débordements viennent aujourd'hui baigner les bases de temples et de statues qu'il n'atteignait pas du temps des Pharaons.

Le delta du Mississipi s'avance de cent mètres par an dans le golfe du Mexique, mais il est souvent déplacé par les flots.

La Hollande est formée en grande partie des sédiments du Rhin, de la Meuse et de l'Escaut.

Les fleuves de la Cochinchine et de l'Inde agrandissent constamment le sol de ces riches mais malsaines contrées.

Les dépôts des deltas sont *fluvio-marins;* ils consistent en graviers, sables, limons, coquilles d'eau douce, ossements d'animaux terrestres et débris d'animaux marins.

57. Travail des fleuves. — Il semble de prime abord que les alluvions des fleuves sont peu considérables; pourtant certains d'entre eux en transportent des quantités énormes: ainsi le Gange entraîne environ 356 millions de tonnes de limon par an; le Hoang-Ho ou fleuve Jaune, en Chine, peut, en 25 jours, créer à son embouchure une île d'un kilomètre carré; son delta recouvre au moins 250000 kilomètres carrés déposés pendant la période actuelle, et formant l'une des plus riches provinces de la Chine; et l'Amazone, qui, pendant la saison des pluies, a 200 km. de largeur, trouble de ses limons rougeâtres les eaux de l'Atlantique jusqu'à plus de 300 km. des côtes.

Les limons entraînés par le Pô ont exhaussé son lit de plus de 5 m. entre Mantoue et Modène, et ses dépôts avancent annuellement de 70 m. dans l'Adriatique. Adria,

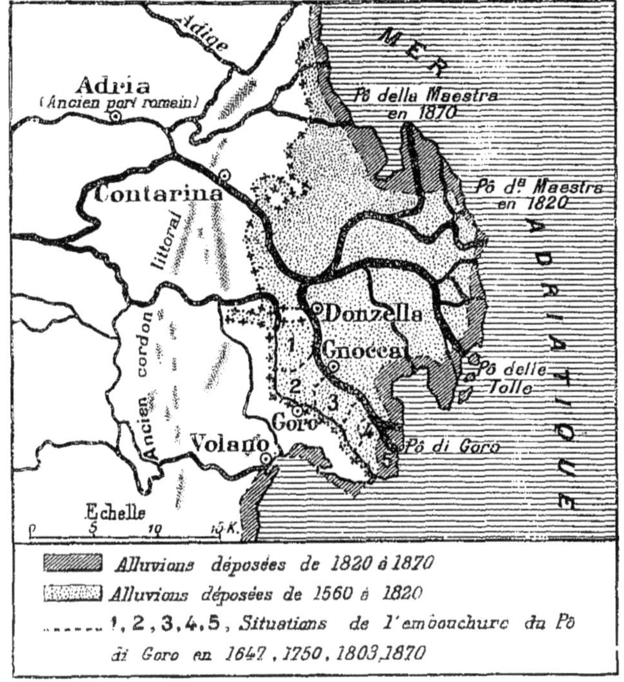

Fig. 39. — Avancements progressifs du delta du Pô.

qui a donné son nom à cette mer, était un port à l'époque romaine ; elle en est éloignée aujourd'hui de 35 km. (fig. 39).

58. Estuaires. — Si le fleuve débouche dans une mer ayant le flux et le reflux, les dépôts sont ordinairement dispersés par les mouvements des vagues, et l'embouchure, au lieu de se combler, s'élargit de plus en plus et forme une espèce de golfe ou delta négatif nommé *estuaire* (fig. 40).

Les mers intérieures favorisent la création des deltas,

mais les fleuves tributaires de l'Océan n'en présentent presque jamais.

La Loire, la Gironde, l'Amazone, le Rio de la Plata sont de beaux exemples d'estuaires; celui de l'Obi, en Sibérie, l'un des plus vastes du globe, a 800 km.

Il arrive quelquefois que la marée remonte les fleuves jusqu'à une grande distance de leur embouchure, et les comble peu à peu de produits presque exclusivement marins; c'est ainsi, croit-on, qu'un certain nombre d'estuaires ont été comblés.

Le dépôt qui se forme à l'embouchure du fleuve change fréquemment de place et contrarie beaucoup la navigation : c'est la *barre* (fig. 41), qui rend difficile et dangereuse l'entrée des navires dans quelques fleuves d'Afrique.

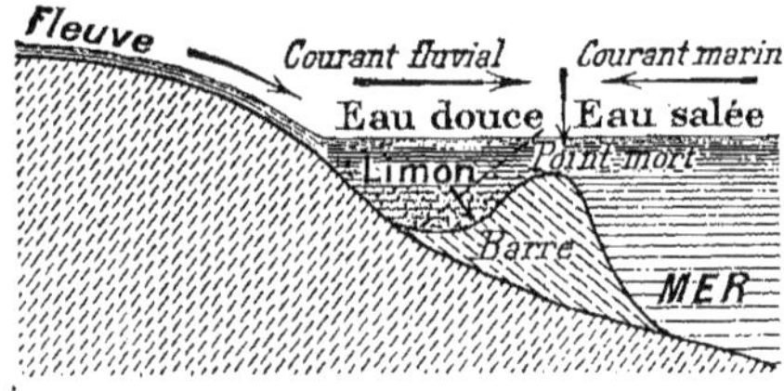

Fig. 41. — Barre à l'embouchure d'un fleuve.

59. Deltas lacustres. — Les cours d'eau qui se jettent

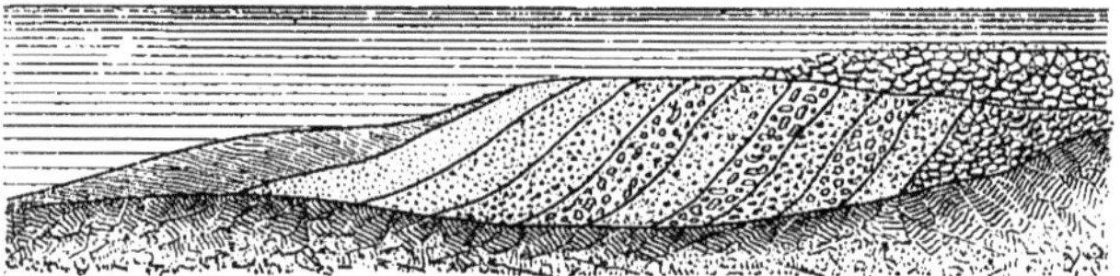

Fig. 42. — Coupe théorique d'un delta lacustre avec ses couches inclinées recouvertes d'un dépôt de cailloux.

dans les lacs forment, à leur embouchure, des deltas lacustres qui rappellent les deltas marins (fig. 42). Ces dépôts s'avancent de plus en plus et finissent par combler le lac; le cours d'eau serpente alors dans une plaine marécageuse qui se consolide et se dessèche peu à peu. Le Rhône a déjà comblé 18 kilomètres du lac de Genève, de Bex au Bouveret, et les dépôts de la Dranse forment, entre Evian et Thonon, un delta qui s'avance peu à peu vers le milieu du lac (fig. 43).

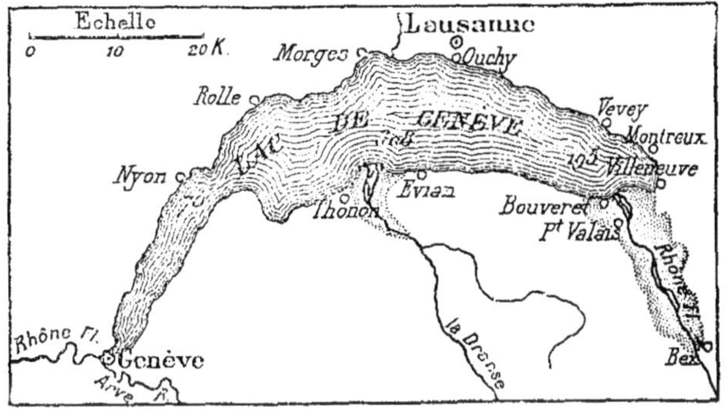

Fig. 43. — Deltas lacustres du Rhône et de la Dranse, dans le lac de Genève.

Le lac de Thun et celui de Brienz ne formaient qu'une seule masse d'eau qui a été coupée en deux par les dépôts torrentiels de la Lutschine, descendant de la Jungfrau. La ville d'Interlaken est bâtie sur ces dépôts.

CHAPITRE VI

MERS ET DÉPÔTS MARINS

60. Étendue des mers. — La distribution des mers à la surface du globe est très irrégulière; les terres sont surtout dans l'hémisphère boréal, tandis que l'hémisphère austral est presque entièrement recouvert par les eaux.

Les mers, comme les courants d'eaux, peuvent produire des *érosions* et des *sédimentations;* elles sont de puissants facteurs de destruction et de reconstruction. C'est par leurs mouvements continuels, vagues, marées et courants, que ces effets se produisent.

61. Action des vagues et des marées. — Suivant la nature du rivage, les effets des vagues et des marées sont bien différents : si la côte est *escarpée,* les eaux rongent les falaises et les font écrouler ; elles façonnent les roches, les percent, creusent des cavernes et recouvrent le pied des abruptes d'une plage de *galets* ou cailloux roulés et aplatis (fig. 44, 45 et 46).

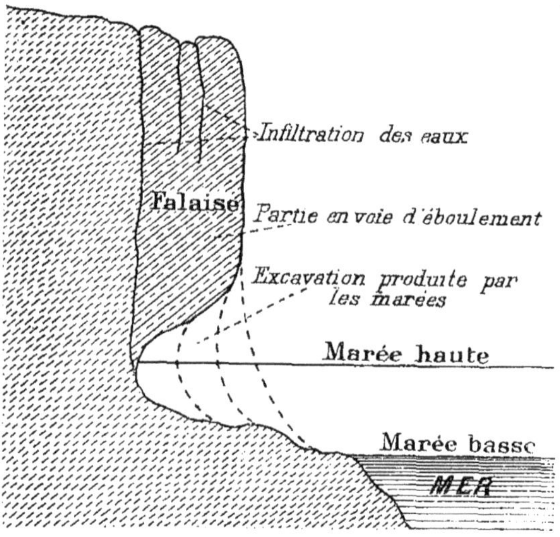

Fig. 44. — Action des vagues et des marais sur les falaises (coupe théorique).

La petite ville de Chatelaillon (Charente-Inférieure) existait encore en 1780 sur les bords d'une falaise ; ses débris sont aujourd'hui à 2 km. en mer.

Un rocher des environs de Biarritz a été percé par les efforts incessants des vagues, et la célèbre grotte basaltique de Fingal à Staffa, dans les Hébrides, est due à la même cause.

Lorsque les côtes sont *plates*, les vagues les recouvrent

Fig. 45. — Action des vagues sur les falaises.

d'une quantité de sable fin qui, sous l'influence du vent, forme les *dunes*. Quelquefois il se fait des dépôts très

Fig. 46. — Rochers découpés par la mer.

longs, mais bas et étroits, que la mer respecte toujours et que l'on appelle *cordons littoraux*. Entre ces cordons litto-

raux et la côte, existent des étangs salés dans lesquels on
établit des marais salants pour l'extraction du sel, et qui se
comblent peu à peu par les sables ou les apports des cours
d'eau.

Outre le Lido, si connu de Venise, on trouve un de ces

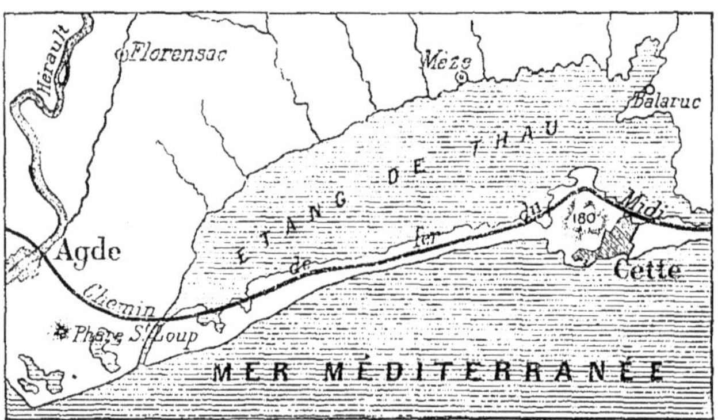

Fig. 47. — Cordon littoral entre Cette et Agde.

cordons sur les bords de l'étang de Thau, entre Cette et
Agde, et sa solidité est telle que le chemin de fer le suit
dans toute sa longueur (fig. 47).

62. Courants. — Les *courants* sont des parties de la
mer où l'eau coule rapidement comme un fleuve. Ces courants sont dus surtout à la répartition inégale de la chaleur
au sein des mers et à l'action des vents réguliers.

Il y a des courants superficiels et des courants profonds.

Les courants superficiels portent dans les mers du Nord
les eaux chaudes des *régions* intertropicales, et les courants
profonds ramènent du nord à l'équateur les eaux froides
pour les réchauffer de nouveau. Les courants froids modifient le fond des mers, creusant quelques parties, en exhaus-
sant d'autres; déplaçant des masses considérables de sable
ou de limon,

On peut se rendre compte de la formation des courants par deux expériences très simples.

Si l'on chauffe, dans un vase A, de l'eau contenant une poussière colorée, on voit l'eau monter au milieu du vase et redescendre le long des parois; si on met au milieu du verre un morceau de glace G, on voit l'eau froide descendre et l'eau voisine des parois remonter à la surface V (fig. 48).

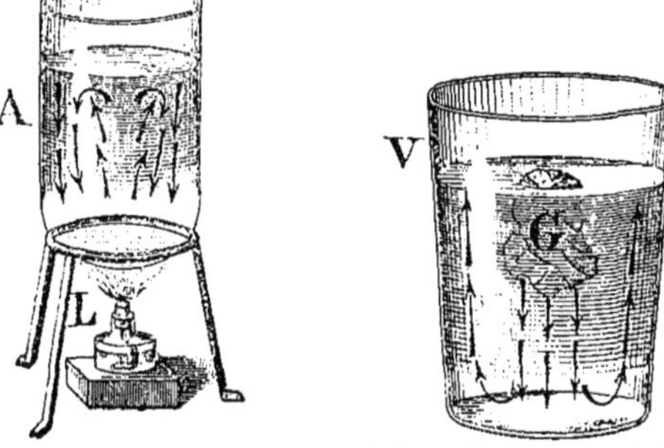

Fig. 48. — Expériences sur les courants produits par la différence de température.

Le plus intéressant des courants marins est le *Gulf Stream* ou le courant du Golfe (fig. 49).

Ses eaux, chauffées dans le golfe du Mexique, deviennent plus salées et plus chaudes, traversent le canal de la Floride, le détroit de Bahama, et montent vers le nord. A la hauteur de Terre-Neuve leur chaleur diminue; elles se divisent en deux branches, l'une qui s'enfonce sous les eaux froides et va réchauffer le pôle Nord, l'autre qui reste à la surface et s'infléchit vers l'est. Aux Açores, a lieu une nouvelle bifurcation : un bras longe les côtes d'Afrique et revient dans le golfe du Mexique en formant la *Mer des Sargasses*, espèce de prairie marine composée de *Sargassum natans* (fig. 50); l'autre bras longe l'Angleterre, la Norvège, et va se perdre au pôle boréal. Ses eaux, qui ont encore 25° en face de Charlestown, adoucissent les hivers sur les côtes occidentales de l'Europe, et jettent jusque sur les rivages de la Scandinavie et de la Nouvelle-Zemble les débris végétaux arrachés aux forêts américaines.

La Méditerranée possède vers Gibraltar deux courants
superposés; le courant supérieur vient de l'Océan, et le
second, qui est très salé, va de l'est à l'ouest. L'existence
de ce dernier a été prouvée par un grand nombre de faits,
dont le plus connu est celui d'un brick hollandais coulé par
le vaisseau français *le Phénix;* le brick flotta entre deux

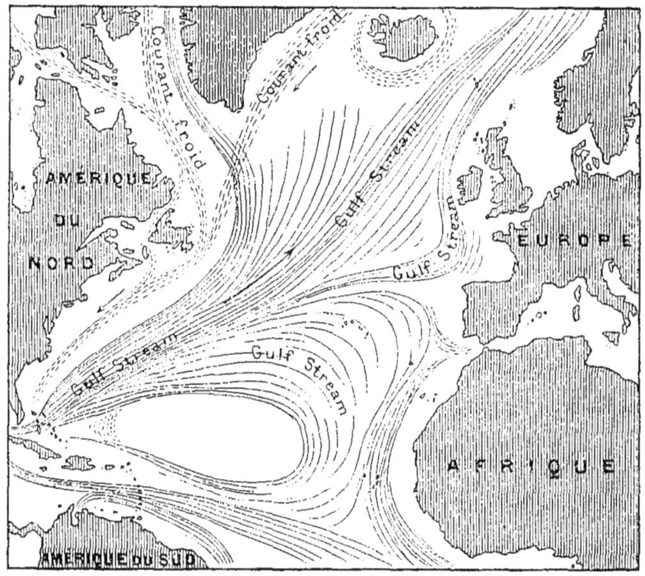

Fig. 40. — Carte des courants.

eaux, grâce à son chargement d'huile, et aborda, trois jours
après, aux environs de Tanger, à douze milles du lieu du
combat.

On attribue la salure considérable du courant inférieur
à l'évaporation rapide des eaux de la Méditerranée, qui
n'est pas assez compensée par les apports des fleuves.

63. Dépôts des mers. — Il se fait au sein des mers des

dépôts importants dont l'origine peut être *mécanique, chimique* ou *organique*.

Fig. 50. — Extrémité d'un thalle de **Sargasse** (*Sargassum natans*), avec ses flotteurs sphériques pédicellés.

64. 1° Dépôts par voie mécanique. — Les dépôts par voie mécanique sont fournis par les sédiments des fleuves, par l'érosion des falaises et des îles, et le remaniement des côtes basses, par l'action combinée des vents, des vagues et des marées.

Ces dépôts se composent d'une couche de galets, ou cailloux roulés, qui s'entassent au pied des falaises et en avant d'une plage de graviers et de sables fins ; les limons emportés plus loin forment au fond des eaux, au delà des sables, une ceinture de

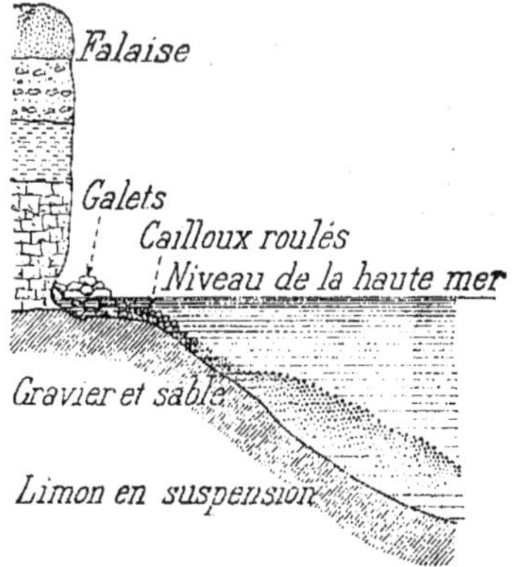

Fig. 51. — Dépôts mécaniques des galets, de sable, de limon dans les mers.

boues verdâtres ou bleuâtres de 250 à 300 kilom. de largeur.
Ces divers sédiments se déposent en couches superposées
et distinctes (fig. 51).

65. 2° Dépôts par voie chimique. — Les eaux marines
laissent déposer par leur évaporation du chlorure de
sodium, que l'on exploite dans les *marais salants* (fig. 52),

Fig. 52. — Marais salants.

du gypse, du calcaire; les sables, les graviers, se consolident peu à peu par leur mélange avec ces substances, ou
par l'action de la silice fournie par des sources, et deviennent des roches qui possèdent tous les caractères des roches
anciennes.

On trouve, près d'Ajaccio, une grotte granitique dont le
sol est recouvert d'une couche de 0 m. 30 de galets agglu-
tinés.

Dans les environs de Messine, les sables sous-marins se
durcissent en dix à douze ans; en moins de trente ans, ils
sont assez durs pour faire feu au briquet, et constituent de
véritables grès.

66. 3° Dépôts organiques. — Ces dépôts, qui peuvent
avoir une origine végétale ou une origine animale, ont été
abondants à toutes les époques. Les dépôts végétaux se

composent de bois entraînés par les fleuves et enfouis dans la vase des deltas ; de fucus ou varechs produisant au fond des baies de véritables tourbes marines. On trouve dans les mers profondes des régions glaciales, dans les estuaires et dans les lacs des dépôts siliceux composés presque en entier de débris de petites algues microscopiques, à valves siliceuses nommées *Diatomées* (fig. 53).

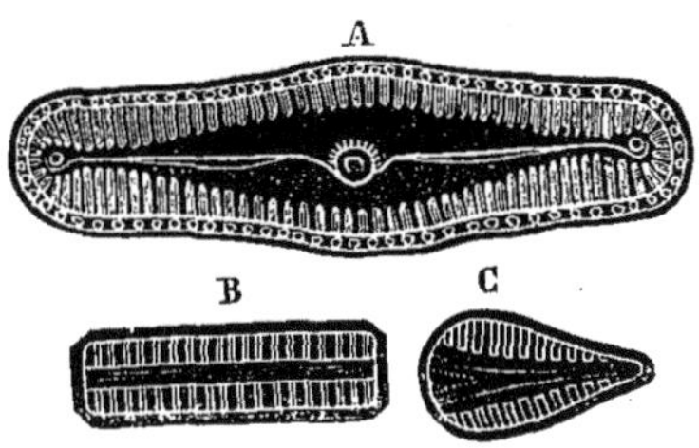

Fig. 53. — Diatomées (très grossies).

La ville de Berlin est construite sur un sol presque entièrement formé d'un dépôt à Diatomées.

Les dépôts diatomifères les plus importants sont ceux de Santa-Fiora en Toscane, de Joursac, de Celles, de Faufouilloux et de Randanne en Auvergne.

Les dépôts animaux sont aussi variés que nombreux. Les fonds des grandes mers éloignées des côtes sont recouverts d'enveloppes de Rhizopodes siliceux ou *Radiolaires* (fig. 54), qui peuvent ainsi former de véritables couches de tripoli, substance employée pour polir les corps durs. Outre les Radiolaires, on trouve, à la surface des eaux chaudes, des Foraminifères (fig. 55) calcaires formant un grand nombre d'espèces dont les plus abondantes sont les *Globigérines*. Leurs enveloppes,

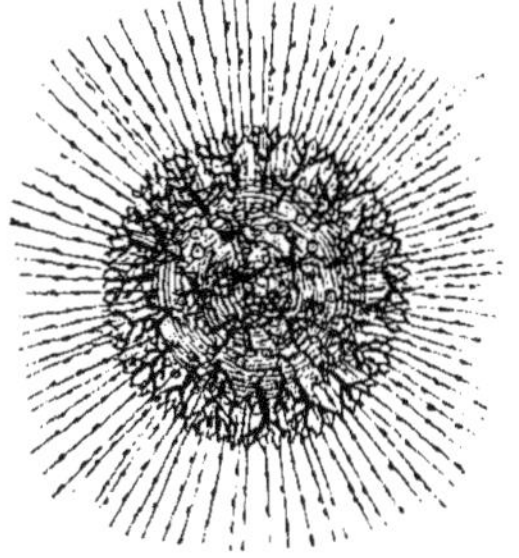

Fig. 54. — Radiolaire (grossie).

de la grosseur d'une tête d'épingle, tombent comme une

pluie sur le fond de la mer et constituent des couches de
vase blanche renfermant jusqu'à 95 %, de calcaire. C'est
surtout dans les ports, et aux embouchures des fleuves, que
les foraminifères calcaires et les radiolaires siliceux se mul-

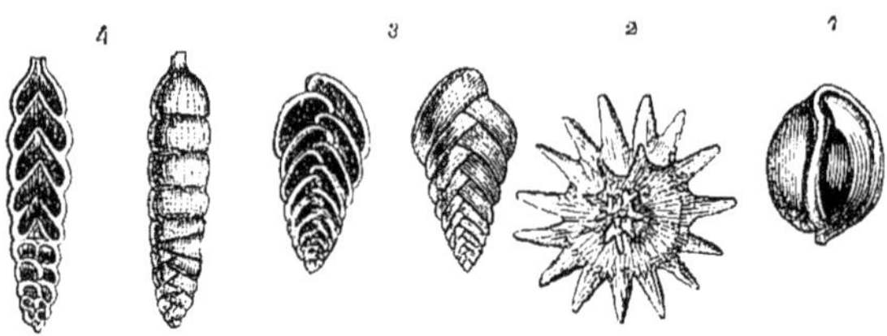

Fig. 55. — Foraminifères (grossis).

tiplient : ils ont formé dans le port d'Alexandrie une couche
de 12 mètres d'épaisseur ; le nettoyage du port de Swine-
munde (île d'Usedom, Poméranie), en 1840, donna 160000
mètres cubes de vase, dont un tiers au moins était formé de
débris de foraminifères.

67. Formations coralliennes. — Les formations coralliennes, beaucoup plus importantes que les précédentes,
s'élèvent près des côtes, au milieu de l'agitation des flots.
Les *Polypes coralligènes* (fig. 56, 57) sont des zoophytes
constructeurs qui sécrètent, aux dépens du sulfate de chaux
et du carbonate de chaux des eaux marines, un squelette
calcaire qui les enveloppe. Ces animaux vivent ordinairement en colonies nombreuses formant une masse miné-
rale nommée *polypier*. Le polypier s'accroît sans cesse par
sa partie supérieure, habitée par les polypes vivants, tandis
que la base meurt, se dépouille de toute substance animale, et constitue une masse calcaire d'une grande solidité.

On trouve les polypes constructeurs dans les mers dont
la température ne s'abaisse jamais à 20° au-dessus de zéro,
et leurs travaux ne s'édifient que sur des fonds ne dépas-
sant pas 30 à 40 mètres de profondeur. Il leur faut, pour
prospérer, une eau pure et agitée.

Les fragments des polypiers, brisés par les tempêtes, rem-

plissent les intervalles des diverses colonies, se consolident, se couvrent de nouveaux polypiers et agrandissent

Fig. 56. — Polypier.

ainsi la formation. La partie vivante s'élève lentement, mais
constamment, jusqu'au niveau des hautes marées, et les

Fig. 57. — Polypiers.

débris des polypiers, arrachés par les vagues, et lancés au-
dessus de la nouvelle création , exhaussent la surface géné-

rale jusqu'à ce qu'elle soit complètement au-dessus des eaux.
Toutes les cavités se remplissent d'une vase crayeuse et de
sables, qui, en s'incrustant de calcaire, donnent naissance
à d'abondantes masses minérales de structure oolithique.
La formation, qui ne s'élève guère à plus de 3 mètres au-
dessus des plus fortes marées, ne s'accroît plus en hauteur,
mais seulement en largeur du côté de la haute mer. Les
oiseaux, les vents, les courants apportent sur ces îles des
semences végétales, et cette nouvelle création devient bientôt habitable. C'est ainsi que se sont formées presque toutes
les îles de l'Océanie.

68. Récifs, atolls. — Les polypiers qui se forment
directement contre les côtes sont des *récifs frangeants*.
Ceux qui forment une enceinte autour d'une île sont des
récifs barrières : ils sont séparés de l'île par des lagunes
qui peuvent atteindre jusqu'à 80 ou 100 km. de largeur.
Les *atolls* sont des îles basses, annulaires, entourant
un lac tranquille de grandeur variable (fig. 58). On expli-

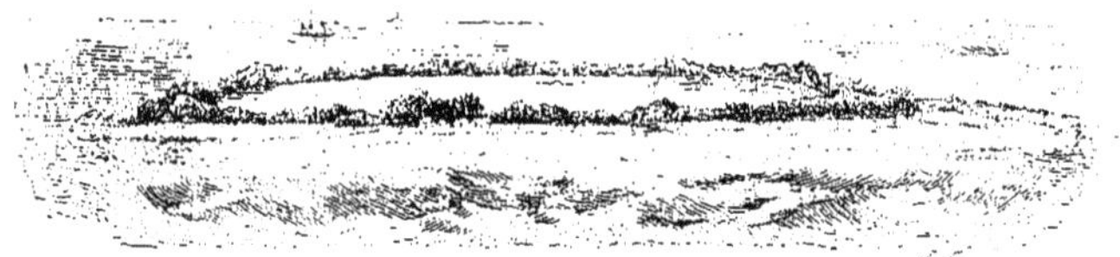

Fig. 58. — Ile madréporique. (Atoll.)

quait la forme annulaire de ces atolls en admettant que les
dépôts se font autour d'une île qui s'affaisse lentement; les
polypes abandonnent peu à peu les parties trop profondes,
élèvent leurs constructions jusqu'à ce que le sommet de
l'île disparaisse et soit remplacé par un lac défendu par un
rempart de polypiers (fig. 59). Les recherches du *Chal-
lenger*, publiées en 1880, semblent prouver que les
atolls s'élèvent sur des plateaux sous-marins d'origine volcanique, et que la ceinture madréporique qui forme l'enceinte est due à l'accroissement plus rapide du polypier du

côté extérieur : la théorie des affaissements est donc inutile

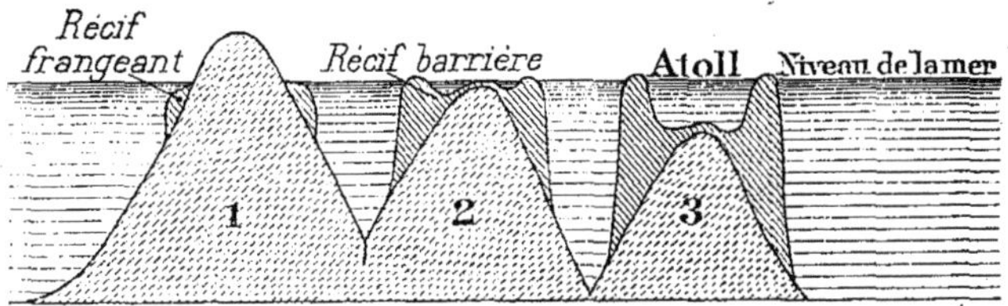

Fig. 59. — Mode de formation d'un atoll dans le cas d'un affaissement.
(Théorie de Darwin.)

dans la plupart des cas pour expliquer ces formations (fig. 60).

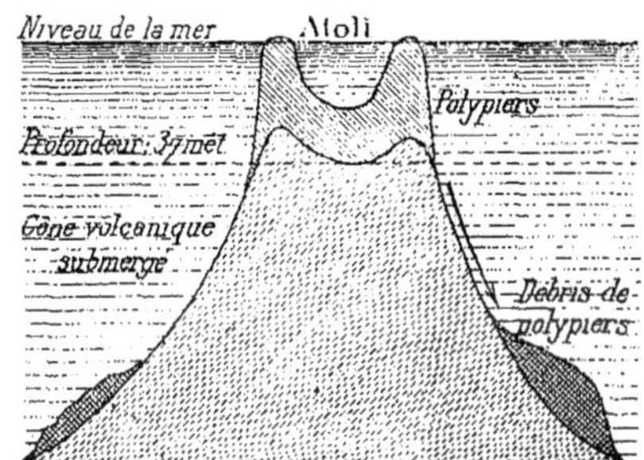

Fig. 60. — Formation d'un atoll sur un plateau volcanique sous-marin. (Théorie de Murray.)

69. Tourbe. — Les dépôts organiques végétaux que l'on trouve au fond des mers ressemblent souvent aux forma-tions de même nature qui se forment dans les marais d'eaux douces.

Les dépôts des marais s'appellent *tourbes;* ce sont des masses spongieuses brunes ou noires, produites par l'accumulation de végétaux aquatiques qui ont subi, sous l'influence de l'eau, une transformation particu-lière.

Les plantes tourbeuses sont surtout des graminées aquatiques : joncs, carex, linaigrettes et sphaignes (fig. 61). Ces dernières plantes croissent par leur extrémité supérieure pendant que leur base s'enfonce et se carbonise dans l'eau.

Pour qu'elles puissent se transformer en tourbe, il faut que les eaux des marais ne soient pas complètement stagnantes, et qu'elles ne soient pas sujettes à de trop grandes crues.

Les tourbières sont abondantes dans les montagnes des Alpes, du Jura, d'Auvergne, dans les plaines de la Picardie, de l'Irlande. La tourbe se forme constamment dans les marais des pays froids ou tempérés.

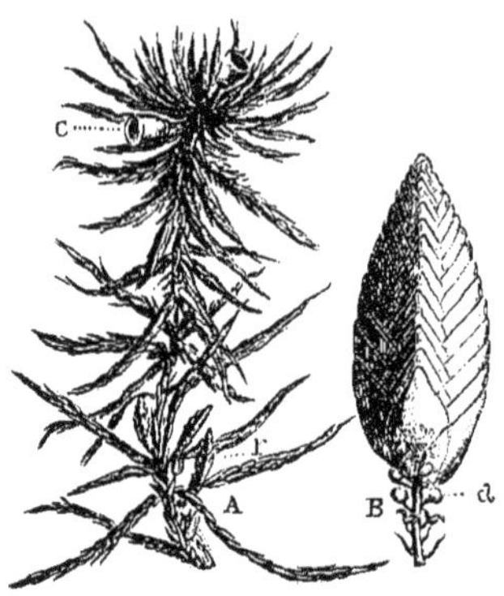

Fig. 61. — Sphaigne (Extrémité de tige et organes de fructification).

On utilise la tourbe comme litière dans les écuries, pour le chauffage des appartements et dans les fonderies; une légère calcination en vase clos augmente sa valeur.

70. Fossiles. — Presque toutes les roches stratifiées contiennent des restes d'animaux ou de plantes ordinairement transformés en pierres : ce sont des *fossiles*.

Ces êtres ont vécu dans les mers, dans les eaux douces, ou sur la terre, et leurs corps recouverts par les sables ou les limons se sont solidifiés avec eux. Il se forme aujourd'hui des fossiles comme dans les temps anciens.

Les parties fossilisées qu'on trouve le plus souvent sont : les os, les dents, les bois des ruminants, les coquilles des mollusques, les oursins, les polypiers, les fruits durs, etc.

Tous ces corps sont imprégnés de silice, de calcaire ou de fer, mais conservent leurs formes primitives; les molécules minérales se sont substituées une à une aux molécules organiques. La fossilisation est quelquefois moins complète et les corps sont simplement recouverts par la matière terreuse ou pierreuse : les ossements des cavernes sont ordinairement dans ce cas.

Suivant le milieu dans lequel ont vécu les êtres, on distingue des *fossiles terrestres*, des *fossiles d'eaux douces* et des *fossiles marins* (fig. 62). Leur présence dans les diverses couches est précieuse, parce qu'elle indique l'origine du

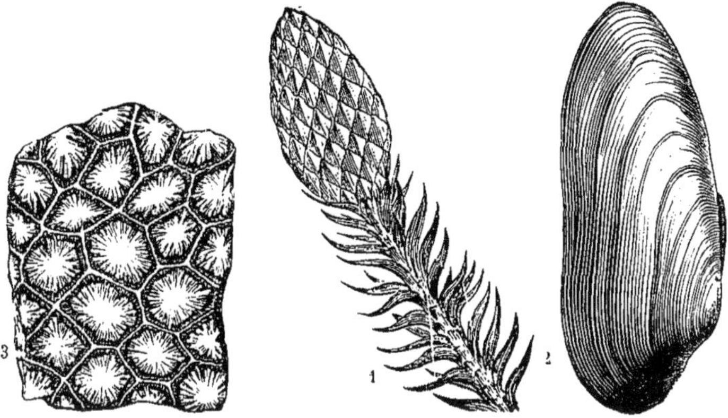

Fig. 62. — Fossiles terrestres (1), d'eaux douces (2) et marines (3).

dépôt dans lequel on les trouve : des coquillages marins indiquent une formation marine ; des coquilles ou des poissons d'eaux douces se trouvent dans les formations d'eaux douces ; les restes des animaux terrestres sont dans les cavernes, les fentes des rochers et quelquefois dans les dépôts des eaux où ils ont été entraînés par les courants.

Il n'existe jamais de fossiles dans les roches non stratifiées : granit, porphyre, basalte, etc., parce que la vie n'était pas possible dans ces roches en fusion.

CHAPITRE VII

AGENTS AQUEUX SOLIDES

71. Neige. — Les vapeurs d'eau qui s'élèvent dans l'atmosphère, par l'action de la chaleur solaire, se condensent et retombent ordinairement en *pluie* sur les plaines, et souvent en *neige* sur les montagnes. Il pleut très rarement à 3000 m. d'altitude, et au-dessus de 3600 m. l'eau tombe toujours à l'état de neige. Les neiges s'accumulent sur les hauts sommets, et n'en disparaissent jamais entièrement; c'est ce qu'on appelle les *neiges perpétuelles*. La limite inférieure de ces neiges est très variable, selon la latitude et la configuration du pays. Voici quelques-unes de ces limites :

Fig. 63. — Cristaux de neige vues avec une loupe grossissant environ 16 fois (en surface).

Spitzberg .	. . . .	79°	0 mét.	Pyrénées.	. . . .	29°	2 730 mét.
Norvège .	. . . .	70°	1 070 —	Himalaya.	. . . .	17°	5 300 —
Alpes .	. . . . .	45°	2 700 —	Cordillères	. . . .	0°	4 500 —

72. Avalanches. — On donne le nom d'*avalanches* à des masses de neige qui se détachent, surtout au printemps, des flancs des montagnes, et roulent dans les vallées, qu'elles couvrent de débris arrachés sur leur parcours. Le moindre ébranlement suffit quelquefois pour déterminer leur chute. On lutte contre les avalanches en plantant verticalement dans le sol des pieux en bois ou en

fer dans les lieux où les neiges peuvent glisser, et en reboi-
sant le plus possible les vallées des montagnes.

73. Glaciers. — Les neiges qui tombent sur les hauts
sommets restent à l'état de poussière mobile, et souvent
remaniée par les vents; mais celles qui s'accumulent dans
les vallées inférieures se transforment peu à peu en glaces,
et constituent des masses qui descendent quelquefois jusqu'à 1500 m. au-dessous des neiges perpétuelles; ce sont
les *glaciers* (fig. 64).

Fig. 64. — Vue d'un glacier avec ses moraines latérales et médianes.

74. Causes des glaciers. — Les causes de la formation des glaciers sont assez nombreuses; les principales
sont : la grande quantité de neige qui tombe sur les montagnes (les Alpes se couvrent annuellement de 15 à 20 m.
de neige, qui peuvent donner plus de 2 m. de glace);
l'action des pluies d'été sur les neiges hivernales, ainsi que
la condensation des vapeurs à la surface de ces neiges. La
chaleur solaire qui fond les couches superficielles, et sur-

tout la pression des couches supérieures sur les masses inférieures agissent activement dans cette formation.

Sous l'action de toutes ces causes, les flocons de neige se transforment en grains brillants et arrondis qui ne tardent pas à se souder grossièrement pour former le *névé*; des infiltrations d'eau consolident le névé et produisent bientôt une glace compacte à reflets bleuâtres, qui est caractéristique des glaciers.

75. **Marche des glaciers.** — Les glaciers ne sont pas immobiles, comme on pourrait le supposer; ils ont un mouvement constant de haut en bas produit par leur propre poids, par la pression des couches supérieures sur les couches inférieures, et surtout par la plasticité de la glace due au phénomène du *regel*. On donne le nom de *regel* à la propriété que possèdent des fragments de glace comprimés de

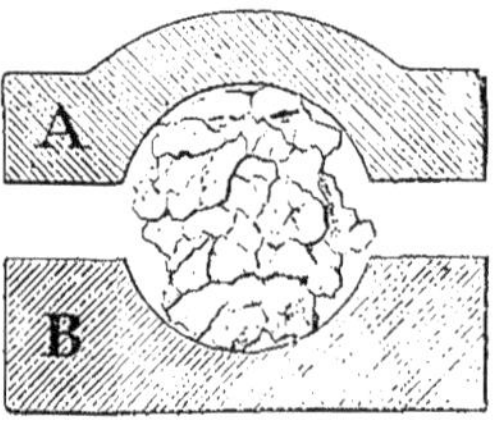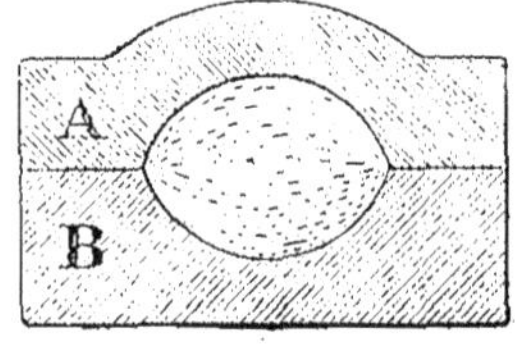

Fig. 65. — Phénomène de regel.   Fragments de glace comprimés.

se souder et de se transformer en une masse capable de prendre toutes les formes possibles (fig. 65).

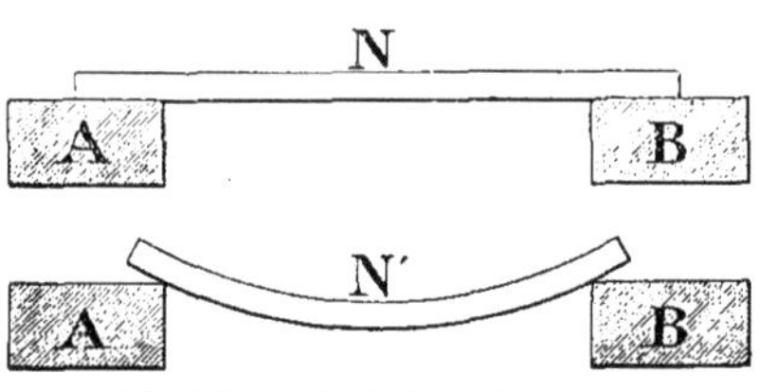

Fig. 66. — Plasticité de la glace.

La glace est plastique (fig. 66); une lame mince et droite N de cette substance, appuyée par ses deux extrémités sur deux morceaux de bois, et abandonnée pendant quelques heures dans un appartement un peu chaud, prend une

forme courbe N' sous l'influence de la pesanteur ; c'est ce
qui explique que la masse de glace peut suivre toutes les
inflexions de la vallée. Si les contours sont trop brusques, la
masse se crevasse, mais les fragments se soudent de nouveau par l'effet du regel, et le glacier continue à descendre.

Les mouvements des glaciers ont été constatés par un
grand nombre d'expériences, dont les plus connues sont
celles d'Hugi de Soleure, d'Agassiz et de Desor. Le premier
de ces savants fit construire, en 1827, sur le glacier de
l'Aar, une petite maisonnette en pierres ; trois ans plus
tard elle était à 100 m. plus bas ; en 1836, elle se trouvait
à 715 m. du point de départ ; et en 1840, elle avait parcouru 1428 m. Sa marche avait donc été de 107 m. en
moyenne par an. Agassiz et Desor plantèrent sur le même
glacier une ligne transversale de pieux longue de 1 350 m. ;
un an plus tard, la ligne droite était devenue courbe ; d'où
ces savants conclurent que le mouvement du glacier était
plus rapide au milieu que sur ses
bords. Voici les chiffres qui ex-
priment en mètres le mouvement
de chaque pieu pendant un an : 5,
20, 48, 55, 62, 64, 67, 69, 70, 68,
64, 54, 47, 21, 11, 1 (fig. 67).

Une échelle abandonnée en 1788
par de Saussure sur le glacier de
l'Aiguillon, au mont Blanc, fut
retrouvée cinquante-sept ans plus
tard à quatre kilomètres et demi
plus bas.

La vitesse d'un glacier peut varier
depuis 0^m,25 jusqu'à 1^m,25 par
vingt-quatre heures. C'est ainsi que
la Mer de glace, près de Chamou-
nix, se déplace en moyenne de
100 m. par an, et quelques glaciers de la Suisse de 1 km. dans le
même temps. Le mouvement du
glacier varie avec la température ; suivant certaines obser-

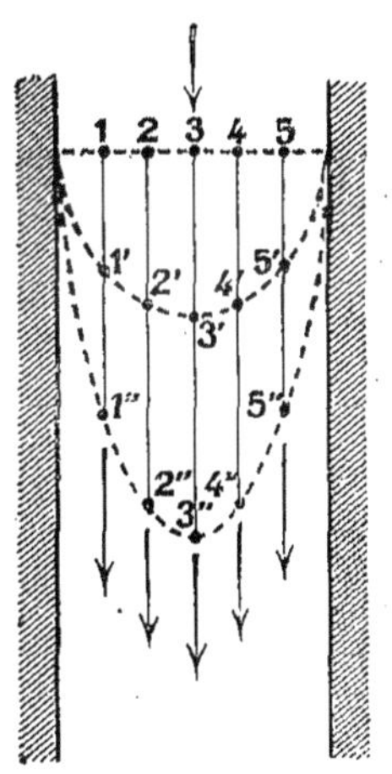

Fig. 67. — Marche d'un glacier.
(Expérience
d'Agassiz et Desor.)

vations, il est plus grand en été qu'en hiver, plus rapide au milieu que sur les bords, et à la surface qu'au fond.

On peut comparer le glacier à un fleuve solide qui s'écoule avec une extrême lenteur.

76. Effets des glaciers. — La surface du glacier est très inégale ; on y voit des parties saillantes et des crevasses

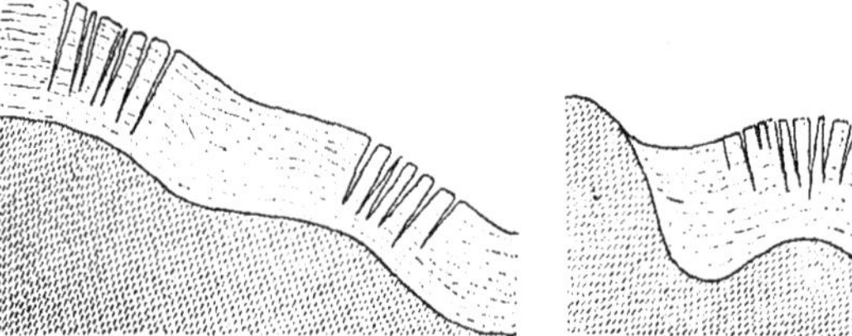

Fig. 68. — Coupe longitudinale et transversale d'un glacier montrant les crevasses longitudinales et transversales.

profondes, qui pénètrent quelquefois jusqu'au sol de la vallée (fig. 68).

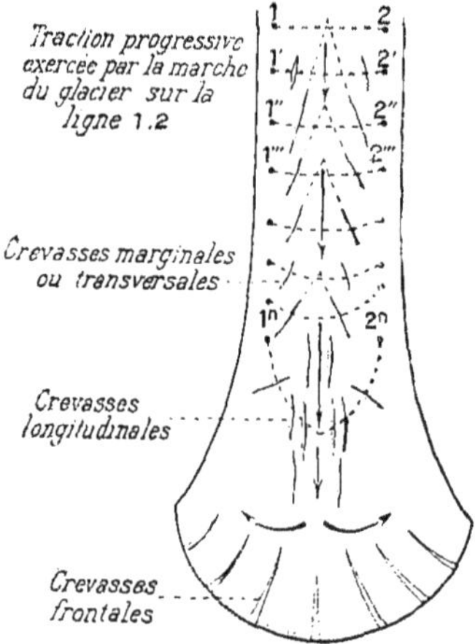

Fig. 69.— Vue des crevasses transversales, longitudinales et frontales d'un glacier.

Ces crevasses peuvent être *longitudinales*, *transversales* ou *frontales*. Elles deviennent très dangereuses pour les voyageurs, surtout lorsqu'elles sont recouvertes d'une couche de neige formant un *pont* qui cède sous leurs pas (fig. 69).

Les bords latéraux du glacier sont ordinairement couverts de masses pierreuses tombées des flancs des montagnes ; c'est ce qu'on nomme les *moraines latérales*. Lorsque deux glaciers se réunissent, ils ont en outre une *moraine mé-*

diane, produite par la réunion de deux moraines latérales, qui est parallèle aux moraines latérales. Dans son mouvement, le glacier entraîne tous ces débris, qu'il abandonne à sa partie antérieure : c'est ce qui constitue la *moraine frontale* (fig. 70). Lorsqu'un glacier diminue, il abandonne sucessivement des moraines parallèles, latérales ou frontales, qui sont des témoins de son passage.

On trouve au-dessous des glaces des cailloux, des graviers qui polissent et strient les roches sur lesquelles glisse le glacier. Tous ces débris, accumulés à l'extrémité inférieure du glacier, forment ce que l'on nomme la *boue glaciaire*, composée de cailloux striés ou rayés, de sables et de limons.

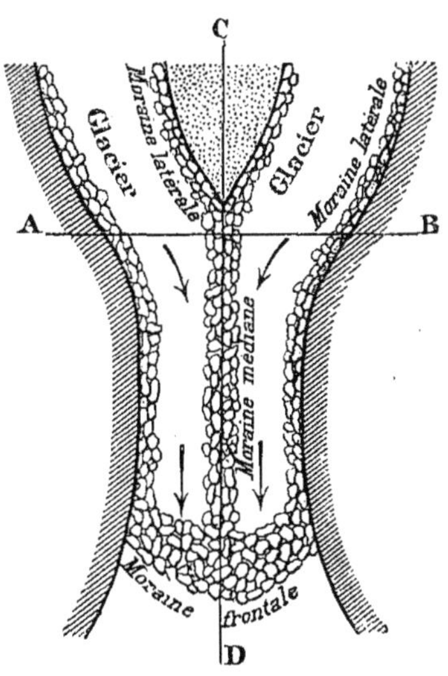

Fig. 70. — Moraines latérales, médiane formées par la réunion de deux glaciers, et moraine frontale.

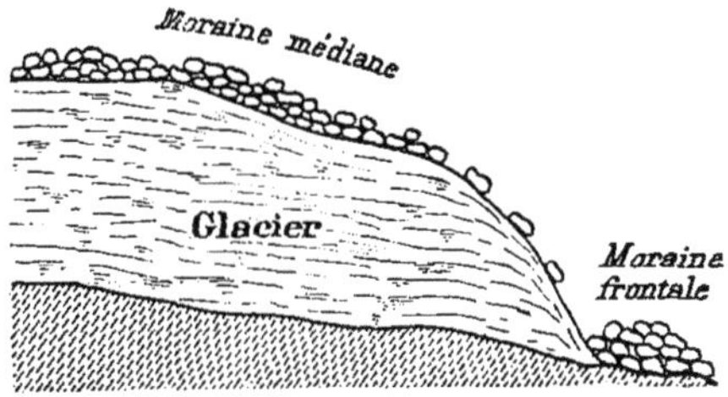

Fig. 71. — Coupe du glacier suivant CD (voir fig. 70), montrant la moraine médiane et la moraine frontale.

Des blocs considérables, tombant sur un glacier, protègent contre le soleil les glaces qui les supportent ; et, lors-

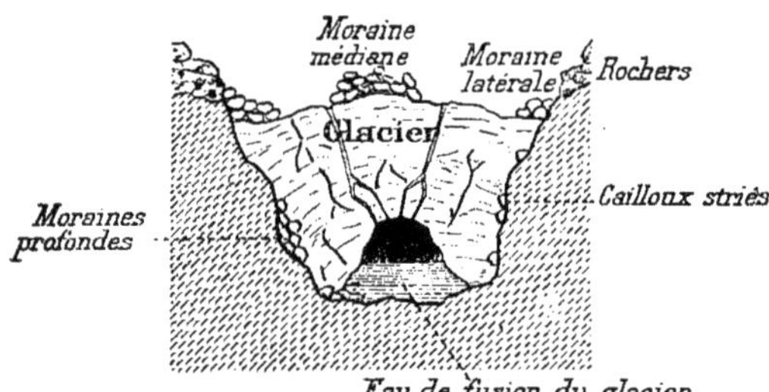

Fig. 72. — Coupe du glacier suivant AB (voir fig. 70), montrant les moraines
et l'arche terminale.

qu'ils arrivent à l'extrémité du glacier, ils présentent le
spectacle d'une masse rocheuse
surmontant une colonne isolée de
glace ; ces blocs sont connus sous
le nom de *tables des glaciers*
(fig. 73).

Dans les régions polaires, les
glaces descendent jusqu'à la mer ;
leurs extrémités se brisent et de-

Fig. 73. — Table des glaciers.

viennent les *ice-bergs* (fig. 74), glaces flottantes d'eau douce

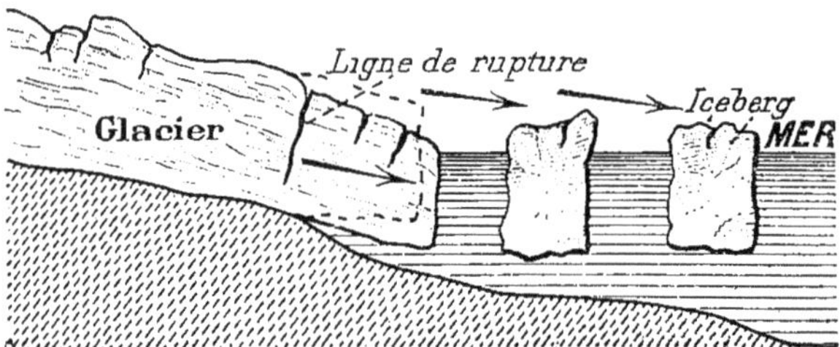

Fig. 74. — Formation des ice-bergs (coupe théorique).

qui sont emportées par les courants. Il se forme aussi, le
long des côtes des mers arctiques, des masses de glace

d'eau salée. Les ice-bergs antartiques sont des fragments détachés de la grande glace continentale. Ces glaces, couvertes de pierres et de boues provenant des éboulements des côtes, se détachent au printemps, et transportent au loin les débris des régions polaires (fig. 75).

Fig. 75. — Glaciers polaires et ice-bergs.

On trouve souvent, en avant des moraines frontales et au-dessus des moraines latérales actuelles, des blocs anguleux et énormes, d'une nature différente de celle des roches voisines ; ce sont les *blocs erratiques*, qui furent transportés par des glaciers plus puissants que ceux de nos jours ; c'est ainsi qu'on rencontre sur les côtes du nord de l'Allemagne et à l'ouest de la Russie des blocs granitiques apportés des montagnes de Suède, à travers la Baltique.

Pendant les grandes chaleurs, les glaciers fondent en partie, et alimentent les rivières et les fleuves, dont ils sont les réservoirs. Ces eaux creusent sous le glacier, et surtout à sa partie antérieure, une voûte plus ou moins grande qu'on nomme *arche terminale*, d'où elles s'écoulent en torrents boueux qui portent leurs débris dans les lacs ou les rivières.

Les pays riches en glaciers sont : les Alpes, les montagnes de la Suisse, et toutes les régions du nord de l'Europe. On trouve aussi d'immenses glaciers dans l'Asie centrale et dans les régions australes.

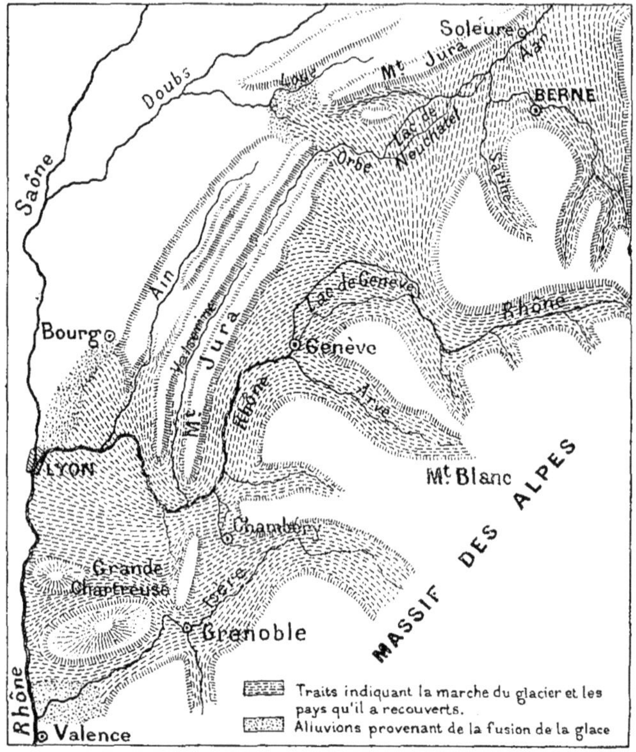

Fig. 76. — Carte de l'ancien glacier du Rhône.

Les glaciers actuels sont moins importants que les glaciers anciens, dont ils paraissent n'être que les restes. Le glacier du Rhône (fig. 76) recouvrait une partie de la Suisse, de la Savoie, du Dauphiné et de la Bresse, après avoir franchi la partie basse de la chaîne du Jura, et sa moraine frontale s'étendait des environs de Valence jusqu'à Bourg. Tous ces pays sont couverts de blocs erratiques de grandes dimensions apportés surtout des Alpes et du Jura : les collines de Fourvière et de la Croix-Rousse, à Lyon, en présentent de beaux exemples.

77. Circulation générale des eaux. — L'eau est constamment en mouvement. La chaleur du soleil réduit en vapeurs une partie considérable de l'eau des lacs et des mers ; ces vapeurs s'élèvent dans les airs pour former les

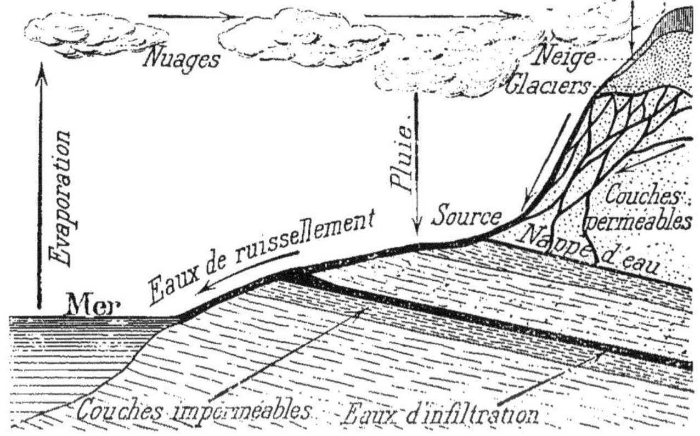

Fig. 77. — Théorie de la circulation générale des eaux.

nuages, que les vents poussent au-dessus des continents. Le froid des régions élevées condense ces vapeurs, qui tombent en neige sur les hautes montagnes et en pluie sur leurs flancs et sur les plaines. Les neiges se transforment en glaciers, qui redescendent peu à peu en se fondant ; les pluies, par le ruissellement, deviennent les eaux sauvages, les torrents, les rivières, et retournent à la mer. Les eaux infiltrées dans le sol forment des nappes ou des sources, suivant que les couches imperméables qu'elles rencontrent sont horizontales ou inclinées. Toutes ces eaux se réunissent peu à peu et retournent aux mers, leur réservoir commun, pour être de nouveau réduites en vapeurs (fig. 77).

AGENTS INTÉRIEURS

CHAPITRE VIII

CHALEUR CENTRALE

78. Chaleur centrale. — La terre possède deux chaleurs : l'une qu'elle reçoit du soleil, l'autre qui lui est propre et qui a son siège dans l'intérieur du globe ; cette dernière est connue sous le nom de *chaleur centrale*.

Les principales preuves de l'existence de cette chaleur sont :

1° L'élévation de température observée à mesure que l'on s'enfonce dans le sein de la terre. Cette élévation, qui est ordinairement de 1° par 33 mètres, varie un peu suivant la nature des roches traversées ;

2° La température des eaux thermales et des puits artésiens ;

3° Les éruptions volcaniques.

Les tremblements de terre, les mouvements lents ou rapides de l'écorce terrestre peuvent aussi être apportés à l'appui de cette hypothèse.

Article 1. — Tremblements de terre.

79. Définition. — Un tremblement de terre est un mouvement, une oscillation du sol.

80. Description. — Quelques tremblements de terre

sont circonscrits, d'autres se font sentir sur une étendue de plus de 1000 km. Quelquefois le phénomène est subit : en 1812, trois secondes suffirent pour anéantir la ville de Caracas (Colombie); en 1693, Messine et cinquante autres localités furent renversées en cinquante secondes. Au Pérou, les secousses durent quelquefois plusieurs mois. D'autres fois, il y a des signes précurseurs, tels que des bruits souterrains ressemblant au tonnerre, des brisements de matières vitreuses à une grande profondeur.

Si le tremblement de terre est léger, on est averti par le tintement des cloches, le mouvement des meubles ; s'il est intense, les maisons se lézardent, les arbres sont arrachés, les montagnes s'écroulent ; des couches de terrain glissent dans les vallées qu'elles comblent ; le cours des rivières est interrompu ; les lacs sont desséchés ou il s'en forme de nouveaux ; les sources tarissent ; ailleurs, au contraire, il en jaillit dans des lieux qui en étaient dépourvus. Les falaises sont ébranlées et s'écroulent dans la mer. Les couches terrestres sont disloquées, crevassées, redressées par des secousses qui peuvent être horizontales, verticales, circulaires et tournoyantes. Tous ces effets se produisirent dans le terrible tremblement de la Calabre, en 1783.

Dans les tremblements sous-marins, des vagues énormes se soulèvent et la mer est jetée sur les côtes ; c'est ainsi qu'en 1746 l'Océan s'éleva de 27 m., engloutit Callao (Pérou), emporta le terrain cultivé et jeta quatre grands navires à une lieue et demie au delà de la ville ; quinze personnes seulement échappèrent au désastre.

En 1692, une frégate anglaise fut lancée par-dessus les clochers de Port-Royal, aux Antilles.

En 1755, la mer envahit les quais de Lisbonne et jeta les vaisseaux du port dans la ville ; plus de trois millions de kilomètres carrés furent ébranlés par ce tremblement de terre.

Le phénomène se termine parfois par des éruptions de matières diverses, fumée noire, gaz carbonique, boue, eau chaude, etc.

Les tremblements de terre commencent ordinairement
par un centre plus ou moins profond autour duquel les

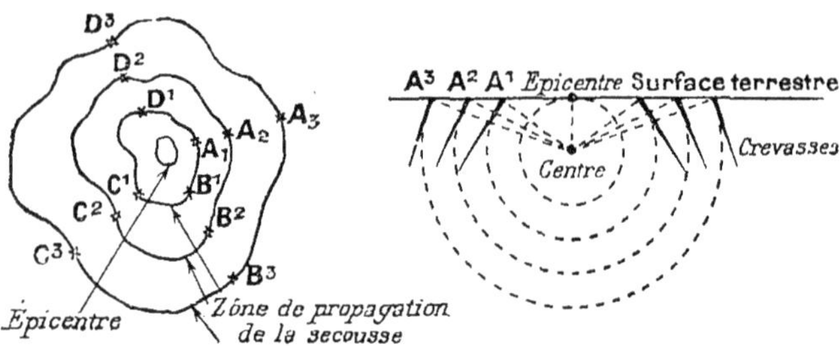

Fig. 78. — Couches concentriques autour du centre d'un tremblement de terre.

couches ébranlées forment des couches et des crevasses
concentriques (fig. 78).

81. Mouvements du sol. — L'un des effets les plus
extraordinaires des tremblements
de terre est l'*exhaussement* ou
l'*affaissement du sol* (fig. 79).

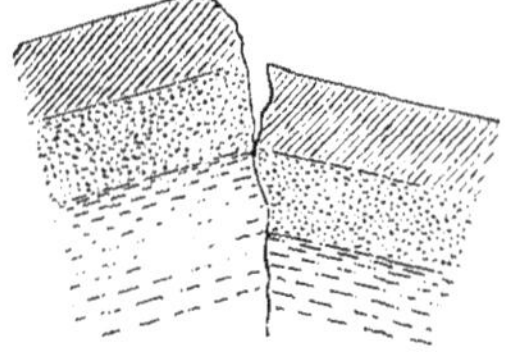

Tantôt les côtes sont *brusque-
ment* soulevées hors des flots ou
subitement englouties; tantôt le
phénomène s'opère lentement,
mais d'une manière continue.

Fig. 79. — Fracture et changement
de niveau d'une couche.

Le nord de la Suède s'élève
constamment pendant que le sud s'affaisse ; ce mouvement
fut constaté par des entailles faites sur les rochers du
rivage de la Baltique au dernier siècle (fig. 80).

Le nord de l'Écosse, l'Islande, le Japon, sont dans une
période d'exhaussement, ainsi que les Antilles et les
Andes.

Le Groenland s'abaisse depuis plus de quatre siècles sur
une longueur de 200 lieues dans la direction du nord au
sud, et le nord s'exhausse, ainsi que le Labrador.

82. Constance du niveau des mers. — Les affaisse-

ments et les exhaussements du sol sont la seule cause des
changements d'élévation que l'on remarque sur les fonds
des mers : le niveau des eaux n'a pas changé. En 1822, les

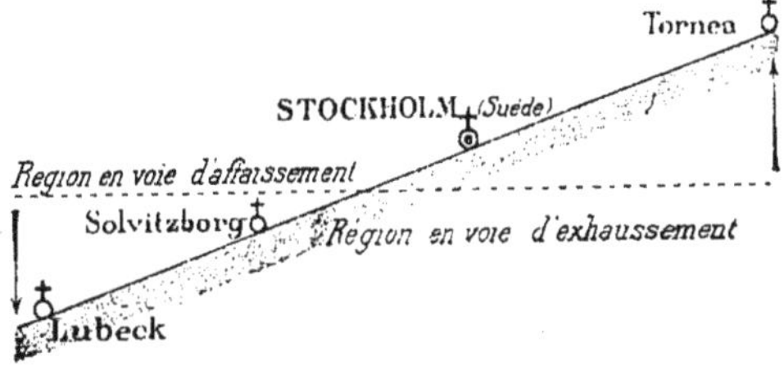

Fig. 80. — Mouvements d'affaissement et d'exhaussement de la Suède.

côtes du Chili s'élevèrent sur une longueur de 200 lieues,
mais on ne remarqua aucun changement sur les côtes voisines ; la profondeur de la mer resta la même au nord et au
sud des côtes chiliennes. Un des exemples les plus frappants
de ces oscillations du sol, qui modifient la profondeur des
eaux sur les côtes, est celui du temple de Sérapis, à Pouzzoles. Ce temple, bâti à l'époque romaine sur la terre ferme,
fut englouti plus tard par un affaissement du sol. Les eaux
s'élevèrent jusqu'à la moitié de la hauteur des colonnes de
marbre, et les pholades, mollusques lithophages (fig. 81),

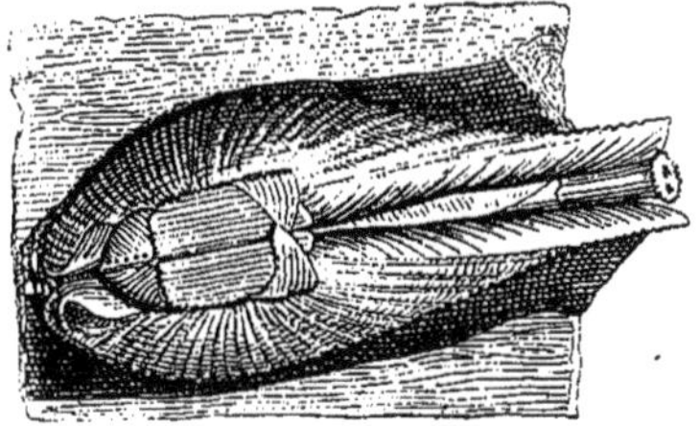

Fig. 81. — Pholade.
Mollusque perforant les rochers.

perforèrent les colonnes sur une hauteur de 2^m,75 ; la partie
inférieure et la partie supérieure du monument restèrent

intactes ; un nouveau mouvement souleva le temple et le remit au niveau actuel (fig. 82). Tous ces mouvements expliquent les changements que l'on remarque sur les bords des mers. Les envahissements des eaux ou le recul des rivages sont des conséquences des soulèvements ou des affaissements des côtes.

Fig. 82. — Temple de Sérapis, à Pouzzoles.

83. Causes des tremblements de terre. — Les causes des tremblements de terre sont multiples. Ils sont produits, dit M. de Lapparent, par des vibrations de l'écorce terrestre, dues à la *diminution progressive du volume de la terre* sous l'influence de son refroidissement séculaire. L'écorce terrestre, en se contractant, se plisse, se brise, s'affaisse ou se soulève en déterminant dans le sol des ébranlements qui se propagent à des distances plus ou moins grandes.

Cependant on attribue aussi les tremblements de terre aux *vapeurs produites par le feu central;* ces vapeurs, à haute température et à forte tension, ébranlent le sol pour chercher une issue.

Un certain nombre de tremblements de terre sont la cause ou le résultat d'*éruptions volcaniques;* d'autres sont attribués à des *écroulements* profonds faits dans des vides produits par les *eaux souterraines* qui ont entraîné des masses considérables de matières solubles, mais ces derniers sont localisés sur une étendue peu considérable.

Article 2. — Volcans.

84. Définition. — Les *volcans* sont des montagnes ou des collines qui, par des cheminées, mettent en communication temporaire ou constante l'intérieur du globe avec sa surface. Un volcan peut être en activité ou en repos ; un volcan qui, de mémoire d'homme, n'a pas eu d'éruption est dit éteint.

85. Formation d'un volcan. — Les volcans peuvent exister dans tous les terrains ; ceux d'Auvergne sont sur les gneiss et les granits ; ceux d'Italie, sur les couches tertiaires. Presque tous les volcans ont débuté par une fissure, ouverte au milieu d'une plaine ou sur de hauts plateaux montagneux ; les débris vomis par le volcan s'accumulent sur les bords de cette fente et constituent bientôt une montagne conique qui s'élève de plus en plus. Cette formation est quelquefois lente, d'autres fois très rapide ; le Monte Nuovo, près de Naples, fut créé en deux jours, et s'éleva à 130 mètres, comblant à moitié un lac voisin.

86. Différentes parties d'un volcan. — On distingue trois parties dans un volcan : le *foyer*, la *cheminée* et le *cratère* (fig. 83). Le *foyer*, plus ou moins profond, est la cavité qui contient les matières incandescentes ; la cheminée est le conduit qui amène à l'extérieur les produits du volcan ; le *cratère* est

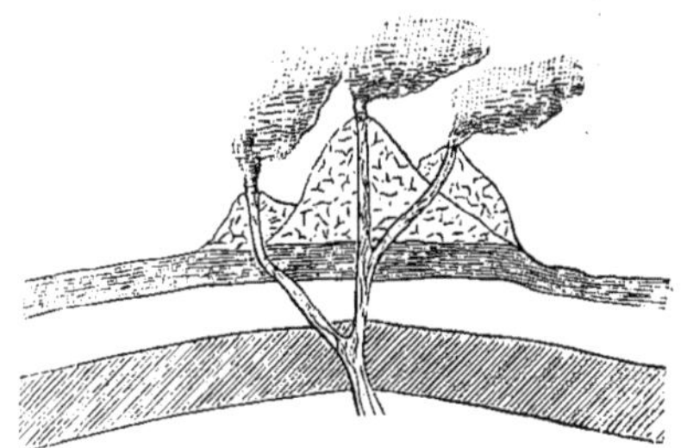

Fig. 83. — Coupe théorique d'un volcan, montrant le foyer, la cheminée, le cratère et les cônes de débris.

l'ouverture supérieure de la cheminée par laquelle s'écoulent les produits volcaniques.

87. Éruptions volcaniques. — Après un repos plus ou moins prolongé, la plupart des volcans rentrent en activité. Leurs éruptions sont ordinairement précédées de tremblements de terre, de bruits souterrains, d'apparition de vapeurs diverses et de fumées ; puis on entend de violentes détonations : une colonne de vapeur d'eau, sillonnée par

Fig. 84. — Une éruption du Vésuve.

des éclairs, s'élève à 2 ou 3000 m. et s'étale en parasol. Les cendres et les débris de toutes sortes qui encombrent le cratère sont projetés avec violence, obscurcissent l'air et retombent autour du volcan ; les détonations se succèdent rapidement, et sont presque toujours suivies d'une éruption de laves (fig. 84).

88. Produits volcaniques. — Les matières vomies par les volcans sont solides, liquides ou gazeuses.

Les produits *solides* sont des blocs de rochers, quelquefois granitiques ou calcaires, arrachés aux parois de la cheminée, et souvent enveloppés dans les masses en fusion ; les *scories* sont des débris embrasés lancés avec violence, et retombant sur les flancs de la montagne, soit à l'état de masses arrondies nommées *bombes volcaniques*, soit à l'état de *ponces*, de *cendres* ou de *sables*. Les villes d'Herculanum et de Pompéi furent, en l'an 79 après Jésus-Christ, couvertes de débris de cette nature ; il en fut de même de la ville de Saint-Pierre, à la Martinique, que le volcan du mont Pelé couvrit de cendres en 1902. Les cendres et les sables volcaniques,

Fig. 85. — Aspect du Val del Bove, avec cône éruptif au centre et dykes ou filons en saillie sur le pourtour.

emportés par les vents, forment en tombant dans les eaux des couches boueuses qui se durcissent peu à peu et deviennent les *tufs volcaniques* (fig 85).

Les produits *liquides* des volcans sont les *laves* qui s'écoulent de la montagne, soit par le cratère, soit par des fentes qui se sont produites sur le flanc de la montagne. Ces masses en fusion descendent comme un fleuve de feu qui se refroidit et se consolide peu à peu ; elles se **tordent**,

se crevassent quelquefois en prismes plus ou moins
réguliers (fig. 86), formant de magnifiques colonnades
(Orgues d'Espaly, près
le Puy) et de Murat
(Cantal).

La coulée du Mauna-
Loa, aux îles Sandwich,
en 1875, avait 100 km.
de long, 4800 m. de large
et jusqu'à 108 m. d'épaisseur moyenne.

Les produits *gazeux*
sont la vapeur d'eau, qui
est très abondante, le sel
marin, le sel ammoniac,
l'acide chlorhydrique, le
gaz carbonique, le fer

Fig. 86. — Prismes basaltiques.

oligiste, l'acide borique, les sulfures d'arsenic, etc. Ces
produits se répandent dans l'atmosphère, se déposent sur
les laves ou tapissent les fissures du sol.

89. Éruptions sous-marines. — Des bouches volcaniques s'ouvrent parfois au sein des mers; les eaux deviennent
bouillantes et agitées, des nuages de vapeurs et de fumée
s'en échappent, et des flots de lave brûlante terminent l'éruption.

Quelquefois les produits s'accumulent et forment une île
qui devient plus tard habitable. L'archipel de Santorin est
composé de sept îles dont l'origine est évidemment volcanique (fig. 87).

Santorin et Thérasia sont les bords ébréchés d'un ancien
cratère enfermant le groupe des îles Kaïmenis, qui parurent
successivement depuis l'époque romaine.

L'éruption de 1866 eut lieu près de Néa-Kaïmeni; une
île de lave noire, qu'on nomma île George, s'éleva lentement jusqu'à 50 m. au-dessus de la mer, puis se réunit
à Néa-Kaïmeni. Le sommet de cette île nouvelle atteignit
bientôt 123 mètres, s'ouvrit et devint un volcan qui vomit

des courants de lave de plus de 100 m. d'épaisseur sur
1 km. de longueur.

D'autres fois, cette création nouvelle s'engloutit dans

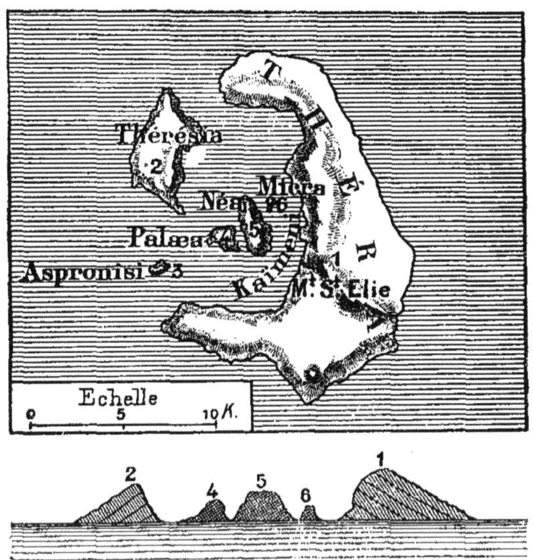

Fig. 87. — Coupe de l'archipel de Santorin.

1, Santorin; — 2, Thérasia; — 3, Aspronisi; — 4, Palæa-Kaïmeni (Ancienne
brûlée, 198 avant Jésus-Christ); — 5, Nea-Kaïmeni (Nouvelle brûlée, 1707);
— 6, Micra-Kaïmeni (Petite brûlée, 1578).

l'abîme qui l'a vomie; c'est ce qui arriva à l'île Julia, sortie
de la mer, près de la Sicile, en 1831, et qui disparut pendant que différents peuples se disputaient l'honneur de lui
donner un nom; elle reparut en 1863, pour disparaître de
nouveau quelques semaines après.

90. Estimation de la force volcanique. — La force
déployée par les volcans pour soulever leurs laves jusqu'à
leur sommet peut nous donner une idée de l'action puis-
sante qui a bouleversé le sol et soulevé les montagnes.

L'Etna a une hauteur de 3315 m., l'Antisana 5833 m., et
l'Aconcagua au Chili a plus de 7000 m.

On a calculé que la densité des laves étant deux ou trois
fois celle de l'eau, il fallait pour les élever à ces hauteurs
des forces comparables à 1000 ou 1500 atmosphères. La
force est quelquefois si considérable que la montagne ne
peut pas y résister ; ses flancs se percent et laissent couler
la lave.

91. Volcans en activité. — Les volcans qui brûlent

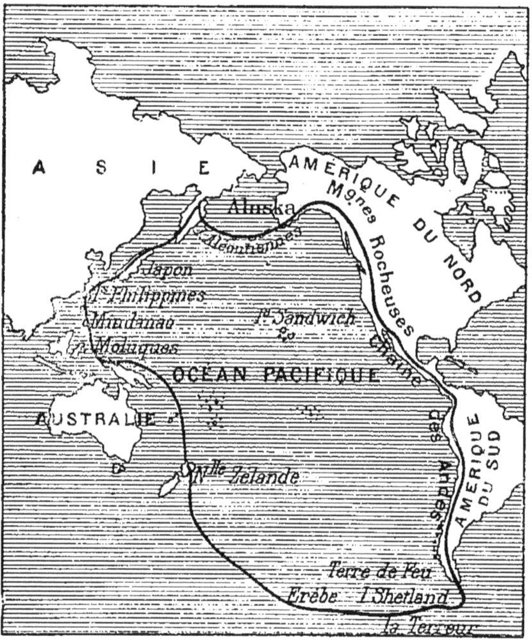

Fig. 88. — Cercle de volcans autour de l'Océan Pacifique.

actuellement sont presque tous dans des îles, ou sur les
rivages escarpés des bords de la mer. Le pourtour du Pacifique est un immense cercle de feu à peu près ininter-
rompu (fig. 88).

Voici les noms et l'altitude de quelques-uns des volcans les plus connus :

Aconcagua (Chili) . . . . 7150 m		Ténériffe (Canarie) . . . . 3700 m
Antisana (Équateur). . . . 5833		Pastos (Équateur) 4100
Cotopaxi (Équateur). . . . 5755		Érèbe (Terres australes) . . 3700
Popocatepetl (Mexique) . . 5400		Etna (Sicile) 3315
Maypo (Chili) 5386		Hécla (Islande) 1690
Pichincha (Équateur) . . . 3855		Vésuve (Italie) 1190
Mowna-Roa (Océanie). . . 4800		Stromboli (Italie). 700
Kliutschi (Sibérie) 4800			

92. Volcans éteints. — Lorsqu'un volcan a cessé d'agir, il conserve ses formes, son cratère, ses coulées de laves ; les eaux peuvent remplir le cratère et la végétation couvrir les flancs de la montagne, mais l'aspect général permet toujours de reconnaître le volcan. Après un temps plus ou moins long, ces cratères anciens peuvent se rouvrir et recommencer leurs éruptions. Le Vésuve (fig. 89, 90),

Fig. 89. — Vésuve ancien.

Fig. 90. — Vésuve actuel.

éteint depuis les temps historiques, fit, en l'an 79 de notre ère, une éruption célèbre, dont les débris couvrirent les

Fig. 91. — Chaîne des Puys d'Auvergne, vue du Puy Chopine.

3*

villes d'Herculanum et de Pompéi. Le Vésuve actuel s'élève au centre de l'ancien cratère. L'Auvergne et le Vivarais possèdent de beaux spécimens de volcans éteints.

La chaîne des Puys d'Auvergne présente une ligne d'une soixantaine de cratères échelonnés du nord au sud (fig. 91).

92. Causes des volcans. — Les éruptions volcaniques sont produites par des matières en fusion qui constituent l'intérieur de la terre. L'ascension de la lave est due à la

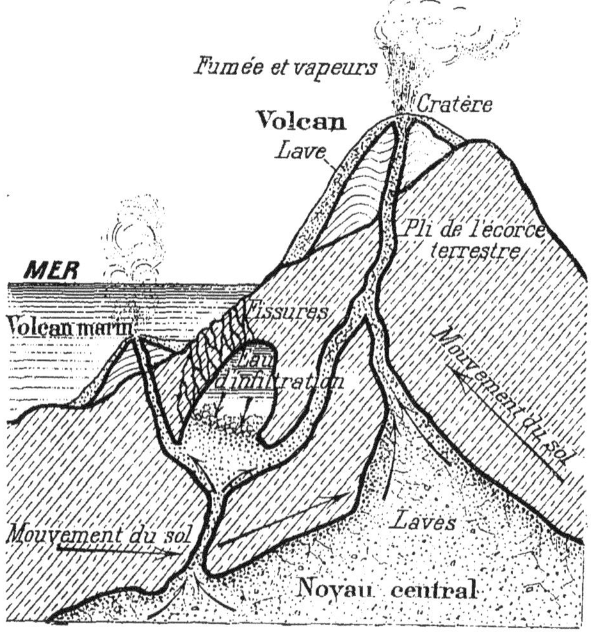

Fig. 92. — Coupe de la formation théorique des volcans.

pression inégale des couches supérieures sur les masses fondues au voisinage des grandes dépressions du sol. A la faveur des fentes de l'écorce terrestre, vers les brusques inflexions de sa surface, les matières incandescentes s'élèvent dans les orifices et s'écoulent à l'extérieur. Des dégagements abondants de gaz provoquent des expulsions tumultueuses de laves et de vapeurs diverses. La présence de l'eau de mer au contact des matières embrasées n'est pas indispensable, comme on le croyait, pour expliquer les éruptions; d'ailleurs on trouve en Mongolie des volcans, situés à plus de 900 kilomètres de la mer, qui étaient encore en éruption au dernier siècle; les volcans éteints d'Auvergne sont aussi très éloignés de la mer.

Article 3. — Phénomènes se rattachant aux agents intérieurs.

93. Solfatares. — Les *solfatares*, ou soufrières naturelles, succèdent à la période active des volcans; ce sont des dégagements de vapeur d'eau, d'acide sulfureux et d'acide sulfhydrique qui remplacent les laves. Au contact de l'air, l'acide sulfhydrique se décompose et abandonne du soufre natif qui recouvre et imprègne les débris volcaniques. La vapeur d'eau transforme partiellement l'acide sulfureux en acide sulfurique; ce dernier attaque les roches alumineuses et produit les *alunites* ou pierres d'alun. On trouve quelquefois l'acide sulfurique en dissolution dans les cours d'eau dont la source est voisine des volcans; c'est ainsi que le Rio Vinagre (Amérique méridionale) en contient plus d'un gramme par litre; le Ruiz (Nouvelle-Grenade) en contient 5 gr. 18. La solfatare la plus célèbre est celle de Pouzzoles, aux environs de Naples; on en retire une quantité considérable de soufre.

94. Soffioni. — Les *soffioni*, ou *soufflards*, sont des jets de vapeur d'eau de 6 à 20 m. de hauteur qui déposent dans les mares ou lagoni de grandes quantités d'acide borique, de soufre et de gypse cristallisés.

Ces soufflards, très communs en Toscane, ont une température de 105 à 120°; on utilise cette chaleur pour évaporer l'eau des lagoni et en extraire l'acide borique.

95. Geysers. — Les *geysers* (fig. 93) sont des sources jaillissantes d'eau chaude, dont les éruptions, toujours très courtes, sont intermittentes. Ces eaux, qui s'élèvent parfois à plus de 60 m. de hauteur, déposent autour de leurs orifices des couches abondantes de silice hydratée ou *geysérite*, et quelquefois des masses calcaires nommées *travertins*. On attribue les geysers à des sources profondes

Fig. 93. — Aspect d'un geyser.

traversées par des vapeurs chaudes provenant de quelque volcan voisin. Le contact de ces vapeurs peut, à certains moments, volatiliser une partie de l'eau, et soulever en bouillonnant la colonne liquide qui est au-dessus. L'intermittence des éruptions s'explique par le temps qu'il faut pour que les infiltrations d'eau puissent remplir de nouveau le canal d'ascension et prendre la température nécessaire pour être réduites en vapeurs. Les geysers les plus connus sont ceux de l'Islande; ceux de la Nouvelle-Zélande, plus

nombreux et plus puissants ; et ceux du Yellow stone,
dans les montagnes Rocheuses, qui comptent plusieurs
milliers de bouches d'éruption.

96. Sources thermales et minérales. — Les *sources
thermales* jaillissent avec une température toujours supérieure à celle des sources ordinaires. Elles se rencontrent
ordinairement sur des fentes du sol qui communiquent avec
des terrains volcaniques ou des couches profondes (fig. 94)

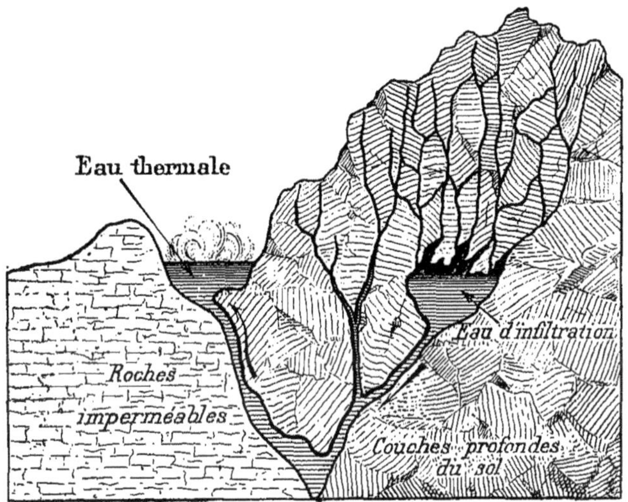

Fig. 94. — Coupe théorique de la formation des sources thermales.

d'où elles tirent leur chaleur. Toutes ces eaux renferment
des substances minérales en dissolution, qu'elles laissent
souvent déposer par le refroidissement. Les sources froides
qui renferment des substances minérales se nomment
sources minérales ordinaires.

Les principales sources thermales sont celles du Mont-
Dore (Puy-de-Dôme), 45°; de Barèges (Hautes-Pyrénées),
48°; de Néris (Allier), 51°; de Cauterets (Basses-Pyrénées),

55°; d'Aix-la-Chapelle (Prusse rhénane), 61°; de Plombières, (Vosges), 74°; de Chaudes-Aigues (Cantal), 80°; et les Geysers de l'Islande, 124°.

97. Sources incrustantes. — Les *sources incrustantes*, ou *pétrogéniques*, apportent de l'intérieur de la terre des éléments à la sédimentation. Les principales substances fournies par ces sources sont : le calcaire, la silice, le gypse, le chlorure de sodium, des composés ferrugineux.

Fig. 95. — Grotte à stalactites et à stalagmites.

Le gaz carbonique, qui se dégage abondamment dans les régions volcaniques, se combine à la chaux des roches, et le calcaire ainsi formé est entraîné par les eaux. Arrivé au contact de l'air, l'excès de gaz carbonique qui maintenait le carbonate de chaux en dissolution se dégage et le calcaire se dépose (fig. 95); c'est ainsi que se forment les *sta-*

lactites qui restent suspendues aux voûtes des grottes, et les *stalagmites* ou concrétions aux formes bizarres qui couvrent leur sol. La quantité de substances minérales ainsi produite est prodigieuse; les eaux de San-Filippo, en Italie, ont fait un dépôt de 2000 m. de long sur 500 de large et 75 d'épaisseur, composé de carbonate de chaux, de sulfate de chaux et de sulfate de magnésie affectant une structure sphéroïdale.

La fontaine de Saint-Allyre, à Clermont-Ferrand, recouvre en peu de temps d'une couche calcaire les objets sur lesquels elle coule.

Une seule source, à Louèche (Suisse), entraîne annuellement quatre millions de kilogrammes, soit 1620 m. cubes de sulfate de chaux ou gypse. Les eaux de Norwich, en Angleterre, donnent par l'évaporation le quart de leur poids de chlorure de sodium, qu'elles ont dissous en traversant des couches salifères.

Les sources ferrugineuses donnent tantôt des dépôts de limonite ou peroxyde de fer hydraté; tantôt elles cimentent les sables et les graviers sur lesquels elles coulent, en formant des grès ou des poudingues ferrugineux.

98. Salses. — On donne le nom de *salses* à des volcans boueux, dans lesquels les matières terreuses sont délayées dans une eau salée qui laisse échapper de grandes quantités d'hydrogène carboné, de pétrole et de naphte.

Les dépôts des *salses* sont des cônes argileux imprégnés de sel, dont le sommet, ouvert comme un petit cratère, donne des jets d'eau, de boue ou de gaz. Quelquefois ces cônes se dessèchent pendant un grand nombre d'années, et recommencent leurs éruptions à la suite de légers tremblements de terre.

Les salses les plus connues sont celles de Bakou, sur la mer Caspienne, et celles des Apennins, en Italie.

Lorsque les dégagements d'hydrogène carboné se produisent dans les eaux, on peut les recueillir et les utiliser pour le chauffage et l'éclairage; ces sources, qui s'enflamment quelquefois, se nomment *fontaines ardentes;* si le dégagement a lieu à la surface du sol et qu'on y mette le feu, on a les *terrains ardents*, communs entre Bologne et Florence.

99. Pétrole, bitume. — Les sources de naphte et de pétrole se rattachent aux salses, et paraissent être d'origine volcanique; la distillation des combustibles tels que les houilles ou les lignites, à laquelle on les attribuait, ne suffirait pas à produire la quantité d'essences minérales que l'on rencontre dans le sol. On trouve dans l'Amérique du Nord, en creusant à une certaine profondeur, des nappes de pétrole comparables à des nappes d'eau par leur abondance. Une source de bitume visqueux émerge d'un rocher volcanique au pied du Puy de la Poix, près de Clermont-Ferrand; il en coule également des flancs du Puy de Crouël, et des fissures des tufs volcaniques de Pont-du-Château (Puy-de-Dôme).

100. Mofettes. — Le gaz carbonique se dégage abondamment des terrains volcaniques anciens; ces dégagements, nommés *mofettes*, se font tantôt dans l'air, tantôt dans l'eau. Les localités les plus connues sont : la grotte du Chien, près de Naples; les grottes de Royat, près de Clermont; les mines de Pontgibaud (Puy-de-Dôme) dans lesquelles le gaz est si abondant que, sans une ventilation énergique, le travail serait impossible. On trouve à Java un lieu nommé Vallée de la Mort, où les vapeurs carboniques asphyxient tous les animaux qui y sont attirés par sa riche végétation.

Il y a dans la région du Yellow-Stone (États-Unis) un petit étang dans lequel bouillonne un mélange d'acide carbonique et d'hydrogène sulfuré; cet étang se termine par une vallée étroite de 75 m. de long, où sont accumulés des ossements d'ours, d'élans, d'écureuils, etc.

101. Phases de l'action volcanique. — L'action volcanique ne se manifeste pas toujours avec la même énergie. Dans la *première période*, le volcan est actif; il vomit des laves et des vapeurs sèches de chlorures et de fluorures.

Dans la *seconde période,* il ne donne pas de lave, mais produit les solfatares, les soffioni, les geysers, etc. Dans la *troisième période,* il n'émet plus que des gaz tels que le gaz carbonique, l'hydrogène carboné, etc. Enfin l'action volcanique cesse complètement, mais elle peut se manifester de nouveau après un repos plus ou moins long.

Conclusion. — La terre que nous habitons semble être dans un équilibre stable, et cependant elle subit à chaque instant des modifications lentes que nous n'apercevons pas toujours. Son aspect change constamment : les montagnes s'abaissent par l'action des pluies, et leurs débris comblent les vallées ; les fleuves et les mers désagrègent leurs rivages, et forment au fond des eaux de puissantes couches pour l'avenir. Des contrées basses s'élèvent lentement, tandis que des provinces entières, bouleversées par des forces intérieures, prennent une apparence nouvelle.

La lutte entre les agents intérieurs et les agents extérieurs, qui a donné à la terre son relief actuel se continue toujours ; mais rien n'annonce la caducité et la fin de ce globe que Dieu avait préparé pendant de longs siècles pour servir de palais à l'homme pendant son court passage ici-bas.

FIN

TABLE DES MATIÈRES

NOTIONS PRÉLIMINAIRES

CHAPITRE I

DÉFINITIONS

CHAPITRE II

ROCHES NON STRATIFIÉES

CHAPITRE III

ROCHES STRATIFIÉES

PHÉNOMÈNES ACTUELS

Ire SECTION — AGENTS EXTÉRIEURS

CHAPITRE IV

AGENTS ATMOSPHÉRIQUES

CHAPITRE V

AGENTS AQUEUX LIQUIDES

CHAPITRE VI

MERS ET DÉPÔTS MARINS

CHAPITRE VII

AGENTS AQUEUX SOLIDES

2ᵉ SECTION — AGENTS INTÉRIEURS

CHAPITRE VIII

CHALEUR CENTRALE

Article 1. — Tremblements de terre.

Article 2. — Volcans.

Article 3. — Pénomènes se rattachant aux agents intérieurs.

31277. — Tours, impr. Mame.

9 782019 233495